ÍNDICE

Título: Las kinasas PKA y MSK en la regulación de la transcripción dependiente de c-Rel

Autor: Mario Rodríguez Peña

Edición: CreateSpace Independent Publishing Platform

Fecha de publicación: Agosto de 2010

ISBN: 978-1-5027-1522-7

INTRODUCCIÓN

La familia de factores de transcripción NF-κB

NF-κB (*Nuclear Factor of κ-light-chain enhancer in B cells*) se describió por primera vez en 1986 como un factor de transcripción que reconoce de forma específica una secuencia con relevancia funcional en el *enhancer* intrónico del gen de la cadena ligera κ de las inmunoglobulinas en los linfocitos B (Sen y Baltimore, 1986). Posteriormente, se detectó su presencia en la mayoría de las distintos tipos celulares y se observó que juega un papel en la coordinación del sistema inmune al intervenir en la expresión de citocinas y moléculas de adhesión y, en general, en los procesos de activación, proliferación, supervivencia y diferenciación celular.

Esta familia de factores de transcripción de células eucariotas tiene tres elementos en *Drosophila* y cinco elementos en la mayoría de las células eucariotas: RelA (p65), c-Rel, RelB, NF-κB1 (p105/p50) y NF-κB2 (p100/p52). Todos ellos comparten un dominio N-terminal altamente conservado de unos 300 aminoácidos denominado RHD (*Rel Homology Domain*), que incluye la secuencia de localización nuclear (NLS) y contiene dos subdominios, uno responsable de la unión a los sitios κB de las regiones reguladoras de los genes diana y otro implicado en la dimerización y la asociación con las proteínas inhibitorias IκBs que enmascaran la NLS (Gosh et al., 1998, Chen y Gosh, 1999). Además, c-Rel, RelA y RelB tienen también un dominio de transactivación (TAD) no-homólogo en el C-terminal, mientras que p50 y p52 carecen de este dominio y funcionan como represores transcripcionales (Bonizzi y Karin, 2004; Xiao, 2004).

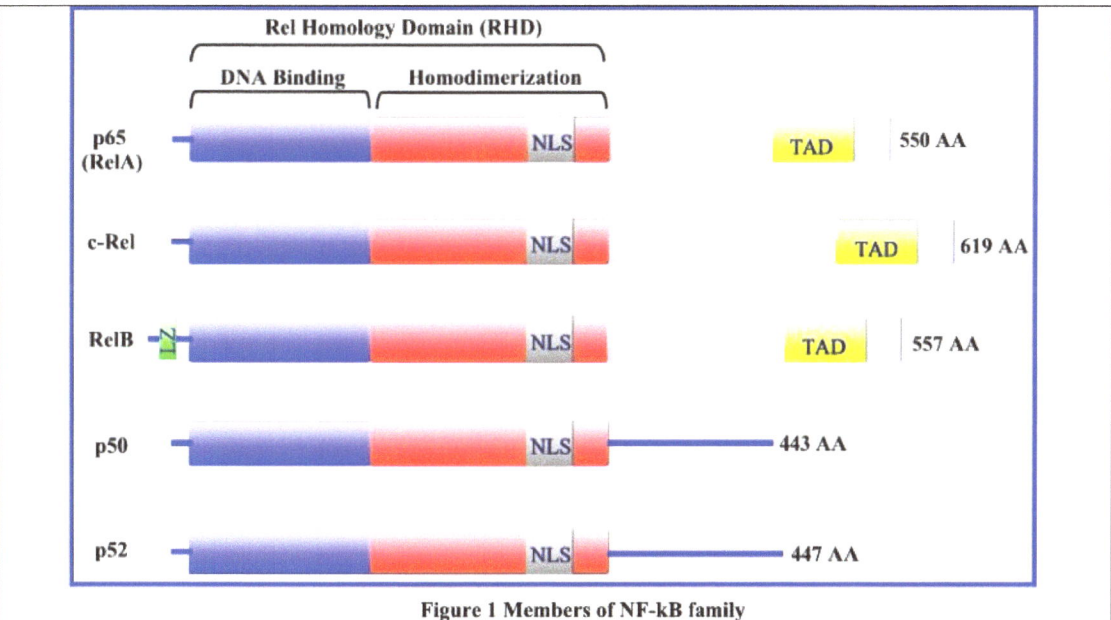

Figure 1 Members of NF-kB family

Figura 1. Miembros de la familia NF-κB/Rel. La familia NF-κB está formada por cinco miembros: p65 (RelA), c-Rel, RelB, p50 y p52. Se caracterizan por contener un dominio N-terminal muy conservado de unos 300 aminoácidos, RHD (Rel Homology Domain), que contiene los subdominios de unión al ADN y de dimerización, y una secuencia de localización nuclear (NLS). Además, p65, c-Rel y RelB tienen el dominio de transactivación (TAD) en la región C-terminal mientras que p50 y p52 carecen de él y funcionan como represores de la transcripción de NF-κB. p50 y p52 se expresan en forma de sus precursores p105 y p100, de los que constituyen la porción N-terminal.
Tomado de Xiao W (2004). Cell Mol Immunol. 1: 425-435.

Las elementos de la familia NF-κB, excepto RelB, dimerizan para formar hetero y homodímeros, que desempeñan acciones pleiotrópicas debido a la heterogeneidad de especies diméricas que pueden formarse, a su capacidad para reconocer diferentes secuencias de ADN, a su capacidad para ser objeto de numerosos cambios post-traduccionales y a la posibilidad de unirse a coactivadores y correpresores. Una consecuencia llamativa de la especificidad de la función de los diferentes elementos de la familia NF-κB la constituyen los diferentes fenotipos resultantes de la eliminación selectiva de las proteínas NF-κB (Gerondakis et al., 1999 y 2006). Algunas de estas diferencias se deben a que RelA se expresa ubícuamente, mientras que la expresión de c-Rel se restringe a células hematopoyéticas. (Gosh et al., 1998; Gerondakis et al., 1999 y 2006; Hoffmann et al., 2006). El primer dímero descrito fue p50/p65, que se llamó específicamente NF-κB, y es el dímero más común (Kopp y Gosh, 1995). Aunque la mayoría de los dímeros de NF-κB son transcripcionalmente activos, como p50/p65, p50/c-Rel, p65/p65 y p65/c-Rel, algunos dímeros actúan como complejos represores. Es el caso de los homodímeros p50 y p52 (Gosh et al., 1998). RelB muestra una regulación muy flexible, puede ser activador y represor y forma heterodímeros estables con p50 o p52, pero no homodimeriza (Bonizzi y Karin, 2004)

En células en reposo, las proteínas NF-κB están retenidas en el citoplasma asociadas a IκBs (sobretodo IκBα) en una forma inactiva. Sin embargo, en la ruta clásica de activación, estímulos como los patrones moleculares asociados a patógenos (PAMP) activan el complejo de IKKs en el que IKKβ es la kinasa activa (Bonizzi y Karin, 2004)) que fosforila los IκBs, marcándolos para su poliubiquitinación y su posterior degradación por el proteosoma 26S (Karin y Ben-Neriah, 2000). De esa forma se libera NF-κB que expone su NLS y se transloca al núcleo donde puede unirse a los sitios κB en promotores y *enhancers* de genes diana (Silverman y Maniatis, 2001).
NF-κB es un factor de transcripción de clase I, como los IRFs y CREB, ya que se expresa constitutivamente y se activa por modificaciones post-traduccionales que permiten su translocación del citoplasma al núcleo. Además, se controla por un mecanismo de retroalimentación negativa, la transcripción de IκB, que lo secuestra de nuevo en el citoplasma (Brown et al., 1993; Sun et al., 1993). Como factor de la clase I, interviene en la transcripción de los genes de respuesta primaria o factores de transcripción de clase II, como C/EBP, su activador inducible y ATF3, su represor inducible, que son los responsables de la reprogramación del macrófago y de la expresión de los genes de respuesta secundaria o factores de transcripción de clase III que son específicos de linaje celular (Medzhitov y Horng, 2009)

La activación de NF-κB por los receptores de tipo Toll (TLR) es importante en el sistema de defensa innato que está filogenéticamente conservado entre insectos y mamíferos, y que proporciona una respuesta inmediata. Tras el estímulo apropiado, TLR se dimeriza, recluta MyD88 y otros adaptadores a través de su dominio TIR. MyD88 recluta IRAK la cual se autofosforila, se disocia del complejo de señalización y recluta TRAF6, que a su vez activa a NIK y MEKK1. Estos activan el complejo IKK para que fosforile los IκB e iniciar el proceso de degradación y la translocación nuclear de NF-κB (Zhang y Gosh, 2001). Esta secuencia es análoga a la activación del receptor IL-1R, que también tiene un dominio TIR (Leung et al., 1994). Otro ejemplo de activación de NF-κB se pone en marcha tras la ocupación del receptor TNFR, que activa principalmente a p65 y, en menor grado a c-Rel (Naumann y Scheidereit, 1994).

c-Rel es un protooncogén crítico en el desarrollo del sistema linfoide que se descubrió al encontrar en células hematopoyéticas de aves un gen homólogo al v-Rel del retrovirus de la reticuloendoteliosis aviar (Wong et al., 1981), un síndrome mielo y linfoproliferativo que se produce por la sobreexpresión de un Rel con afinidad reducida por IκBα (Sachdev y Hannink, 1998) y mayor afinidad para el ADN (Chen et al., 1983; Huang et al., 2001). Esta fue la primera descripción de la asociación de NF-κB con la patogenia del cáncer, ya que el aumento en la expresión y la mayor afinidad de Rel por el ADN promueve la transformación oncogénica (Gilmore, 1999). La amplificación del gen c-Rel humano (hasta 54 copias) en el locus 2p14-15 se observó en el 23% de linfomas difusos de células grandes (DLLC) que constituyen, aproximadamente, el 50% de los linfomas de linfocitos B no Hodgkin y también se encontró en los linfomas de linfocitos B mediastínicos primarios y en linfomas de células grandes foliculares. La sobreexpresión de c-Rel se observó en el 50% de carcinomas de pulmón de células no pequeñas (NSCLC) (Rayet y Gélinas, 1999). En un caso de linfoma difuso humano se detectó la proteína híbrida cRel-NRG que comprende el RHD de c-Rel fusionado a un Gen-No-Relacionado (Lu et al., 1991)

Los ratones KO de c-Rel muestran defectos en la expansión de células mieloides y linfocitos y carecen de centros germinales en los ganglios linfáticos (Tumang, 1998), así como una baja expresión de IL-2 y GM-CSF (Köntgen et al., 1995; Gerondakis et al., 1999). También se ha descrito que el ratón KO de c-Rel, como el de p50, es incapaz de desarrollar eosinofilia en las vías respiratorias cuando se sensibiliza con un alérgeno por no producir MCP-1, eotaxina, ni GM-CSF, además de impedir la proliferación de linfocitos B (Donovan et al., 1999). En el modelo múrido de artritis reumatoide (artritis inducida por colágeno) c-Rel es necesario para el establecimiento de la respuesta inmune, pero no para la fase destructiva o inflamatoria, ya que está implicado en el desarrollo de la hiperplasia sinovial, pero no en la activación de los sinoviocitos (Campbell et al., 2000). También se ha observado que las células dendríticas KO de c-Rel no expresan moléculas estimuladoras, son incapaces de estimular linfocitos T vírgenes (Boffa et al., 2003), no adquieren un fenotipo activado y entran en apoptosis (O'Keeffe et al., 2005). En el trabajo de Wang et al., (2007) se muestra que c-Rel activa en las células dendríticas genes estimuladores de linfocitos T: coactivadores de linfocitos T (ICAM1, E-selectina, CD40, B7.1/B7.2=CD80/CD86) y citocinas estimuladoras como IL-2, que aumenta la proliferación de linfocitos T e IL-12, su homólogo IL-18, e IL-23 (Carmody et al. 2007), que son responsables de la diferenciación hacia Th1 y Th17, respectivamente, mientras que RelA es crucial en la expresión de citocinas inflamatorias (TNF-α e IL-6), y de IL-8 (Kunsch y Rosen, 1993). Además, c-Rel activa la proliferación celular al activar la transcripción de la ciclina-D1 (Guttridge et al., 1999) e inhibe la apoptosis al activar la expresión de Bcl-xL (Chen et al., 2000). Estos datos demuestran que las funciones de c-Rel y RelA no son redundantes

Activación de NF-κB en respuesta a patrones moleculares asociados a patógenos

Durante la respuesta inflamatoria la activación de RelA requiere su fosforilación por la subunidad catalítica de la PKA (PKAcα de forma independiente de AMPc (Zhong et al., 1997) o, alternativamente, por MSK-1, que también fosforila las histonas H3 de los promotores de citocinas proinflamatorias como IL-6 y TNF-α y permite la activación de su transcripción. Por otra parte, hay respuestas dependientes de c-Rel como son la transcripción de IL-12 o IL-23, que se regulan de forma dependiente del estímulo.

Cuando se produce el reconocimiento de la infección por virus a través de TLR3, que se estimula por el ARN de doble cadena, se activa IRF3 y se produce la síntesis de interferones (IFN) de tipo I, IFN-α en DCs plasmacitoides, (Siegal et al.,. 1999; Asselin-Paturel et al., 2001) e IFN-β en DCs mieloides (Hertzog et al., 2003). Ello da lugar a un sistema de retroalimentación positiva autocrino/paracrino que se necesita para que la respuesta a la infección sea óptima (Gautier et al., 2005). Una respuesta similar se produce durante la infección por bacterias Gram-, cuyo LPS es reconocido por TLR4 y estimula la producción de IFN-γ (Kollet y Petro, 2006). A modo de resumen se puede concluir que el reconocimiento de estos patrones activa dos señales: la de NF-κB (RelA/p65 y c-Rel) y la de los IFNs mediante IRF-1, IRF-7 e IRF-8/ICSBP (Gautier et al., 2005). Un ejemplo notable de esta cooperación se produce durante la activación de la transcripción en el promotor de la subunidad p35 de IL-12 p70. Los mencionados factores de transcripción se unen a los elementos κB e IRF-E del promotor proximal al exón 2 de *il12a* y de forma conjunta estimulan la expresión de IL-12 (Kollet y Petro, 2006), que conduce a un patrón de tipo Th1.

Si el patógeno es una bacteria como el *M. tuberculosis*, o un hongo (Gerosa et al., 2008), la pared es reconocida por TLR2 o TLR4 y un receptor de reconocimiento de patógenos (PRR) asociado a ITAM que permite regular con fineza la amplitud y la naturaleza de la respuesta de los TLRs:

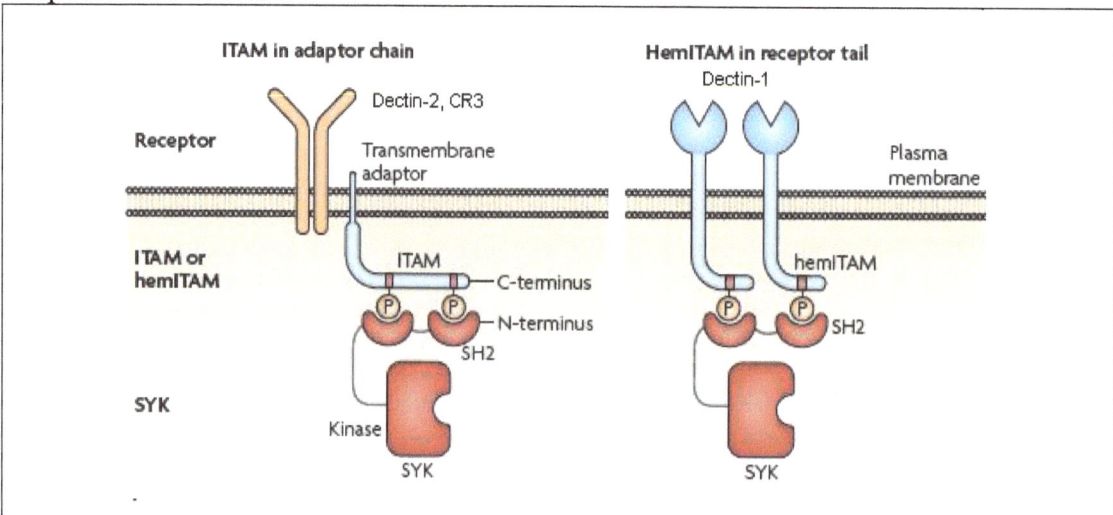

Figura 2. Mecanismo general de señalización por ITAM: El reclutamiento de Syk (Spleen Tyrosine-Kinase) a los receptores asociados a ITAM se produce a través de los dos dominios SH2 de Syk que se unen a dos fosfo-tirosinas del dominio ITAM (Immunoreceptor Tyrosine-based Activation Motif) o de dos hemi-ITAMs (en dos Dectin-1). Los ITAMs están presentes en los adaptadores transmembrana o en las colas citoplasmáticas de los receptores.
Modificado de Mócsai A, Ruland J, Tybulewicz VL (2010). Nat Rev Immunol. 10:387-402.

- En el caso de las levaduras, éstas contienen β-glucanos expuestos en su superficie externa que son reconocidos por Dectin-1 (Bi et al., 2010), que señaliza a través de su hemi-ITAM (YXXL) y puede reclutar a Syk mediante dimerización con los dos dominios SH2 (Kerrigan et al., 2010)
- En el caso de las hifas, éstas sólo tienen mananos expuestos en su superficie, que son reconocidos por Dectin-2 (Bi et al., 2010), cuyo mecanismo de señalización requiere el reclutamiento de FcRγ (Sato et al., 2006), aunque es posible la participación de otros receptores como DC-SIGN y el receptor de manosa

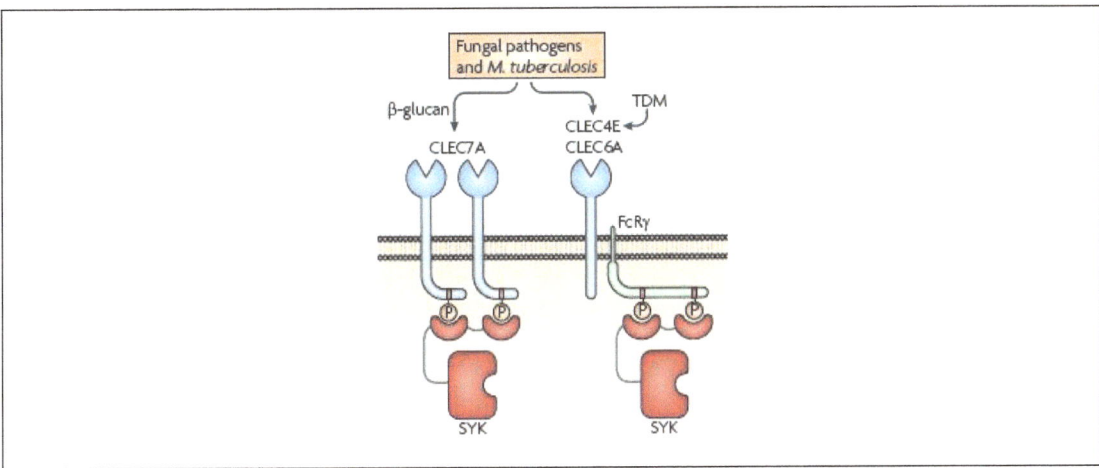

Figura 3. Ruta de reconocimiento de patógenos fúngicos y *M. tuberculosis* por el sistema inmune innato. Los patógenos fúngicos y *Mycobacterium tuberculosis* se unen a CLEC7A (conocido como Dectin 1), a CLEC6A (conocido como Dectin-2) y también a CLEC4E (conocido como MINCLE). Los receptores tienen un dominio hemi-ITAM o se asocian con los adaptadores transmembrana con ITAM: FcRγ (Fc receptor γ-chain) o DAP12. Todos ellos reclutan Syk a través de sus dominios SH2
Tomado de Mócsai A, Ruland J, Tybulewicz VL (2010). Nat Rev Immunol. 10:387-402.

- Cuando los patrones moleculares están opsonizados por proteínas originadas durante la activación del sistema del complemento como es C3b, el reconocimiento de la partícula se realiza a través de CR3, una β2-integrina que señaliza a través de DAP12 y FcRγ (Mócsai et al., 2006).

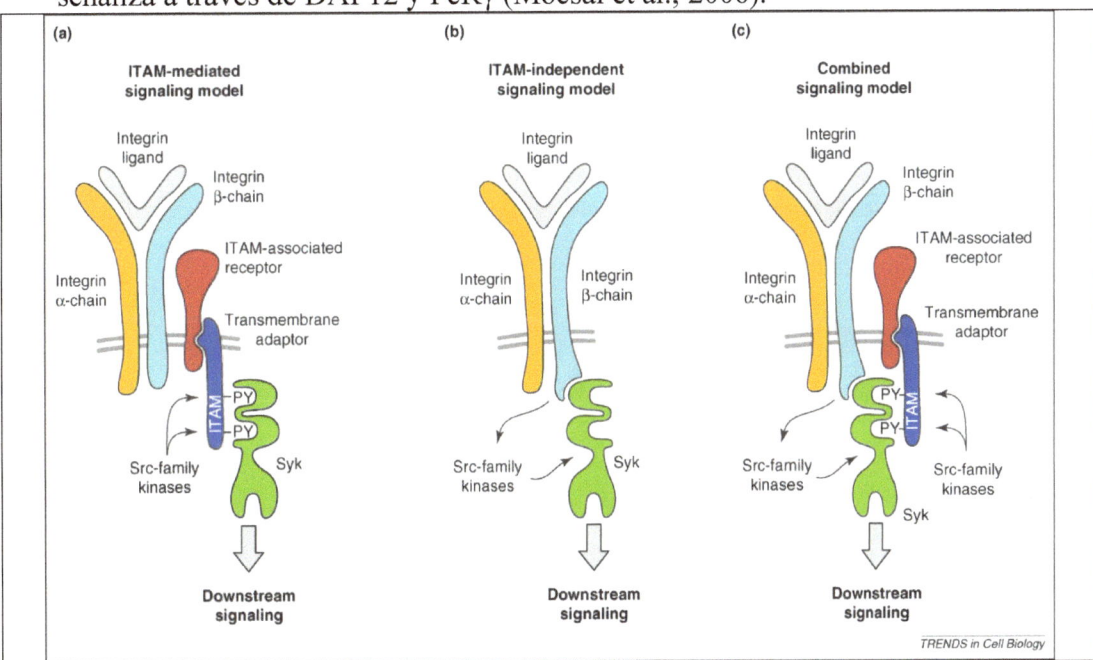

Figura 4. Posibles modelos de señalización de las integrinas a través de Syk. (a) El modelo de señalización mediada por ITAM propone que las integrinas activan Syk a través de la fosforilación del ITAM de los adaptadores transmembrana DAP12 y FcRγ por kinasas de la familia Src a través de la asociación con un inmunorreceptor desconocido. (b) El modelo independiente de ITAM asume que la activación de Syk no requiere la unión de fosfo-tirosinas con sus dos dominios SH2, sino que depende de la asociación directa entre la cola citoplasmática β de la integrina y el SH2 N-terminal de Syk (en regiones que no se unen a fosfo-tirosina). (c) En el modelo de señalización combinada, el SH2 de Syk se une a la cola citoplasmática β de la integrina de forma independiente de fosfo-tirosina, mientras que los dos dominios SH2 se unen a fosfo-ITAM de adaptadores transmembrana
Tomado de Jakus Z, Fodor S, Abram CL, Lowell CA, Mócsai A (2007). Trends Cell Biol. 17:493-501.

Un mecanismo que refuerza la señalización de TLR es la generación de PIP2 (fosfatidilinositol 4,5-bisfosfato) que recluta TIRAP (un *sorting adaptor*) que coopera en el reclutamiento de MyD88 (un *signaling adaptor*) a la membrana plasmática donde interacciona con los TLRs de la membrana plasmática, pero no con los que existen en los endosomas (Kagan y Medzhitov, 2006).

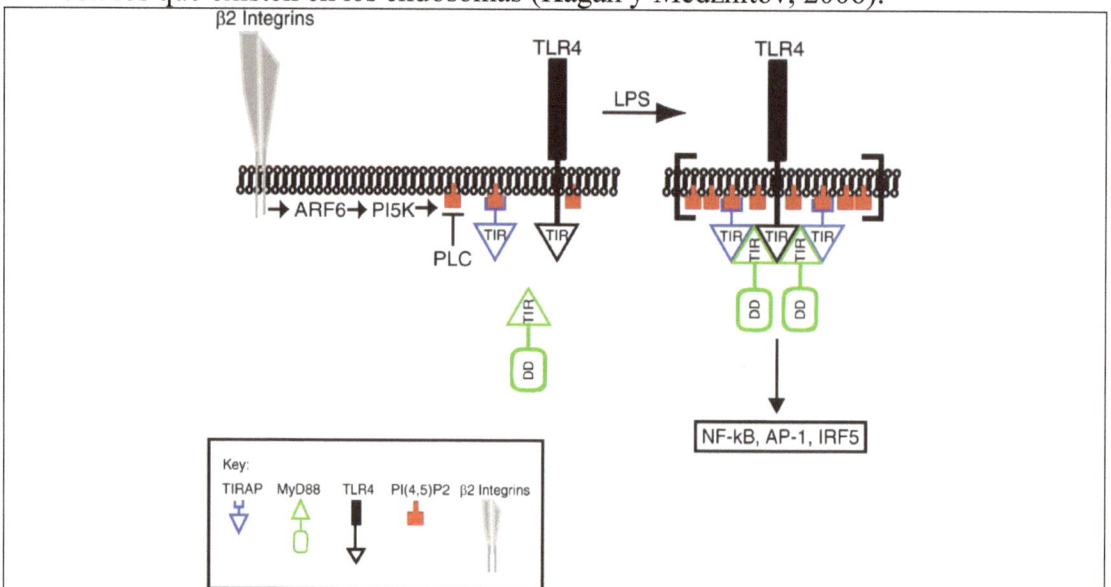

Figura 7. Modelo para describir la regulación del reclutamiento del adaptador MyD88 a TLR4 activado. La β_2-integrina CD11b regula los niveles de PIP2 en la membrana plasmática y el reclutamiento de TIRAP. La interacción de la integrina con CD14 tras la exposición a LPS puede llevar a la activación de ARF6 y la posterior síntesis de PIP2 por PI5K. Este mecanismo permite la concentración de TIRAP en la membrana plasmática y facilita las interacciones entre TIRAP y TLR4. La función de TIRAP es actuar como *sorting adaptor* que facilita el reclutamiento dependiente de TIR del *signaling adaptor* MyD88. El reclutamiento de MyD88 activa el ensamblaje de un complejo de señalización en el dominio TIR de TLR4. Los corchetes que rodean el complejo de señalización indican la posibilidad de que la inducción de la señalización de TLR4 requiera la distribución de TLR4 en dominios ricos en PIP2 de la membrana plasmática.
Tomado de Kagan JC y Medzhitov R. (2006) Cell. 125:943-955.

- Si la unión de un receptor asociado a ITAM es de baja afinidad, provoca una fosforilación parcial de ITAM y recluta la fosfatasa SHP-1, que inactiva a receptores heterólogos (Ivashkiv, 2009). También la activación sostenida de estos receptores consigue generar una señal de Ca^{2+} que a través de Pyk y p38 activa A20, un inhibidor de TRAF6, y a ABIN3 (A20-Binding Inhibitor of NF-κB activation) y modula negativamente los fenómenos proinflamatorios (Wang et al., 2010)

Dos elementos fundamentales en la señalización asociada a estos receptores son la activación de CARD9, de la que depende la activación de c-Rel, y el reclutamiento por los ITAM fosforilados de la tirosina-kinasa Syk (Turner et al., 2000) a través de sus dos dominios SH2 (Jakus et al., 2007). Este paso permite la activación de PLCγ, PKC y MAPK. Estas últimas activan a la kinasa MSK-1 que fosforila las histonas H3. Son particularmente importantes los cambios en los promotores de IL-23 y Hes1 (inhibidor de la ruta de Nocht, [Hu et al., 2008]), puesto que en estos promotores existen cajas N y E a las que se puede asociar TLE para generar un complejo represor transcripcional (Grbavec y Stifani, 1996) que incluye desacetilasas de histonas (Palaparti et al., 1997). La inducción selectiva de IL-23 dirige la respuesta inmune a un patrón Th17 (LeibundCut-Landmann et al., 2007)

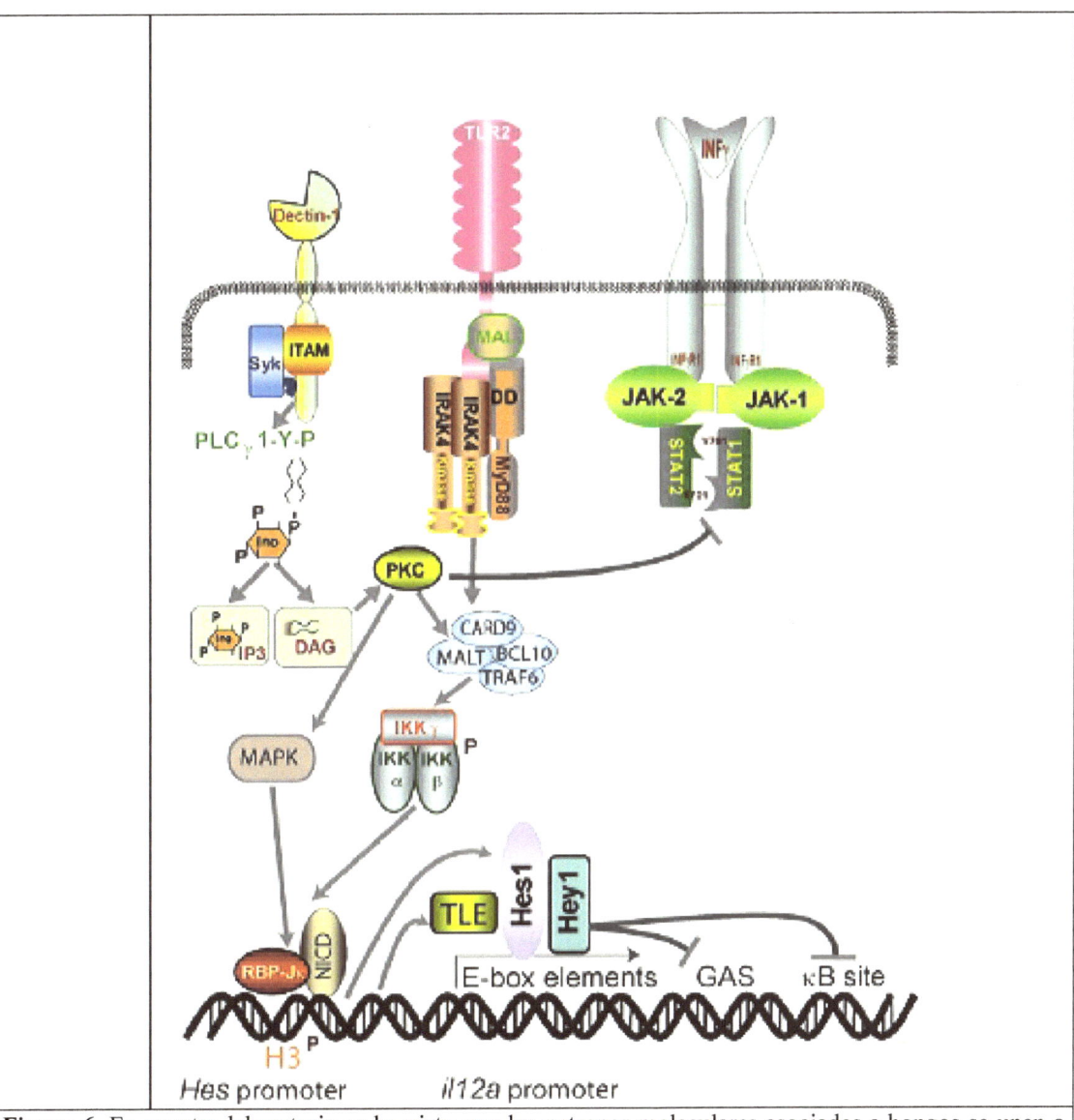

Figura 6. En nuestro laboratorio se ha visto que los patrones moleculares asociados a hongos se unen a varios receptores (se han seleccionado TLR2 y Dectin-1 para mayor claridad pero DC-SIGN, CR3 y Dectin-2 también pueden participar). Esta unión genera señales mediadas por Syk, Ca²⁺, PKC, MAPK e IKKs que producen la activación del promotor de Hes a través de RBP-Jκ y NICD. Esto permite la inducción de Hes1, Hey1 y TLE (Transducin-like Enhancer of Split), que se unen al promotor de *il12a* y reprimen la transcripción mediada por las secuencias κB y GAS. PKC puede inhibir la señal del IFNGR1 (implicada en la diferenciación Th1) actuando en la expresión de NICD2

La fosforilación de la S10 de la secuencia consenso de reconocimiento R-K-S (Pearce et al., 2010) de la cola N-terminal de la H3 por MSK1 (Mitogen & Stress-activated protein-Kinase) es uno de los resultados finales de la activación por mitógenos o estrés de diferentes vías de señalización (Deak et al., 1998) y desempeña un papel fundamental en el reclutamiento de RelA y c-Rel a los promotores, (Saccani et al., 2002) ya que provocan la relajación de la cromatina y permiten la unión de los factores de transcripción y el aumento de la expresión de los genes de respuesta temprana (Thomson et al., 1999). Esta activación de un promotor asociada a cambios en la cromatina se reportó por primera vez en la potenciación a largo término del hipocampo (Frey et al., 1993). De esta forma, la activación de los genes diana, además de estar regulada por un panel de factores de transcripción, también depende de la eliminación de diversas barreras en la cromatina por moléculas correguladoras, como es la fosforilación de la H3 por MSK1 (Medzhitov y Horng, 2009)

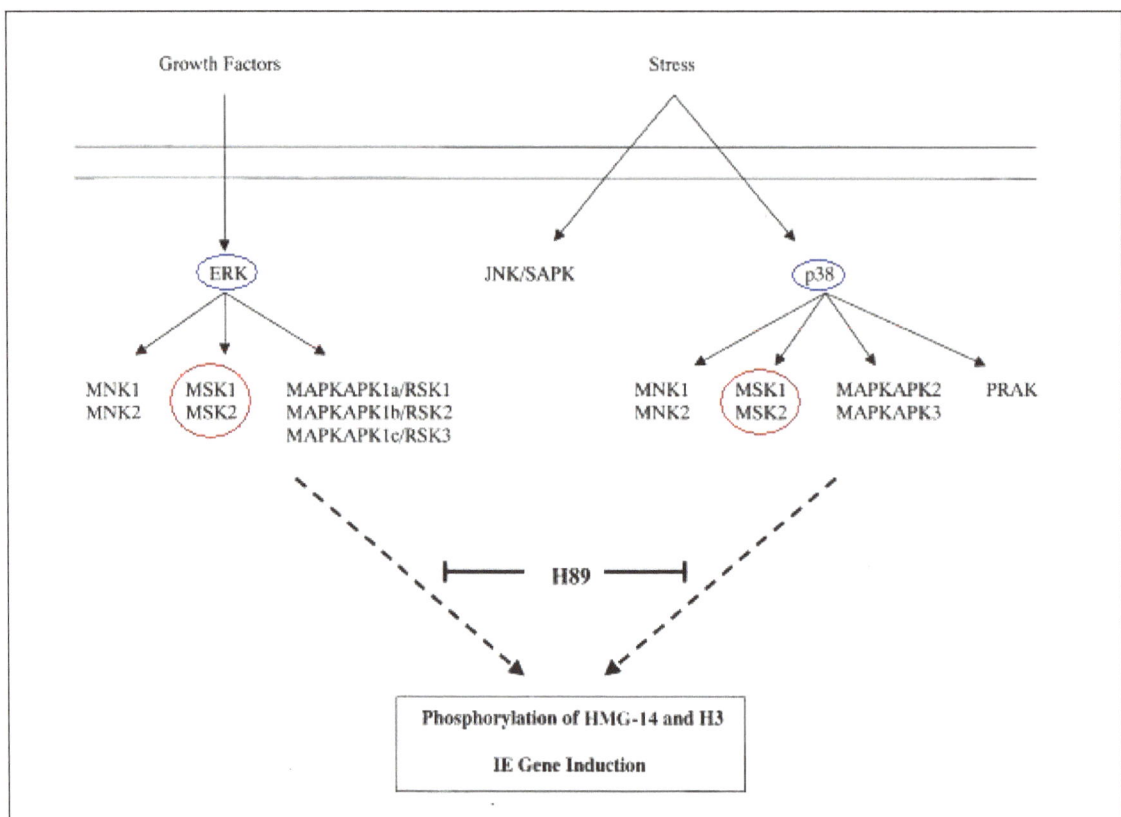

Figura 7. Las rutas de las MAPK involucradas en la respuesta nucleosomal. Se muestran las kinasas efectoras de las rutas de ERK y la MAPK p38. Señales diferentes activan cada ruta pero ambas convergen para provocar respuestas nucleares similares, a través de una kinasa común. La cascada de señalización superior a las MAPK ha sido omitida por simplicidad.
Modificado de Thomson, S., Clayton, A.L., Hazzalin, C.A., Rose, S., Barratt, M.J., y Mahadevan, L.C. (1999). EMBO J. 18, 4779-4793.

Estructura y función de RelA y c-Rel

El RHD de c-Rel es mucho más homólogo al de RelA que al de los otros miembros de NF-κB (Chen y Ghosh, 1999, Huang et al., 2001). Sin embargo, el análisis de los fenotipos de los ratones KO ha permitido demostrar que regulan distintos grupos de genes.

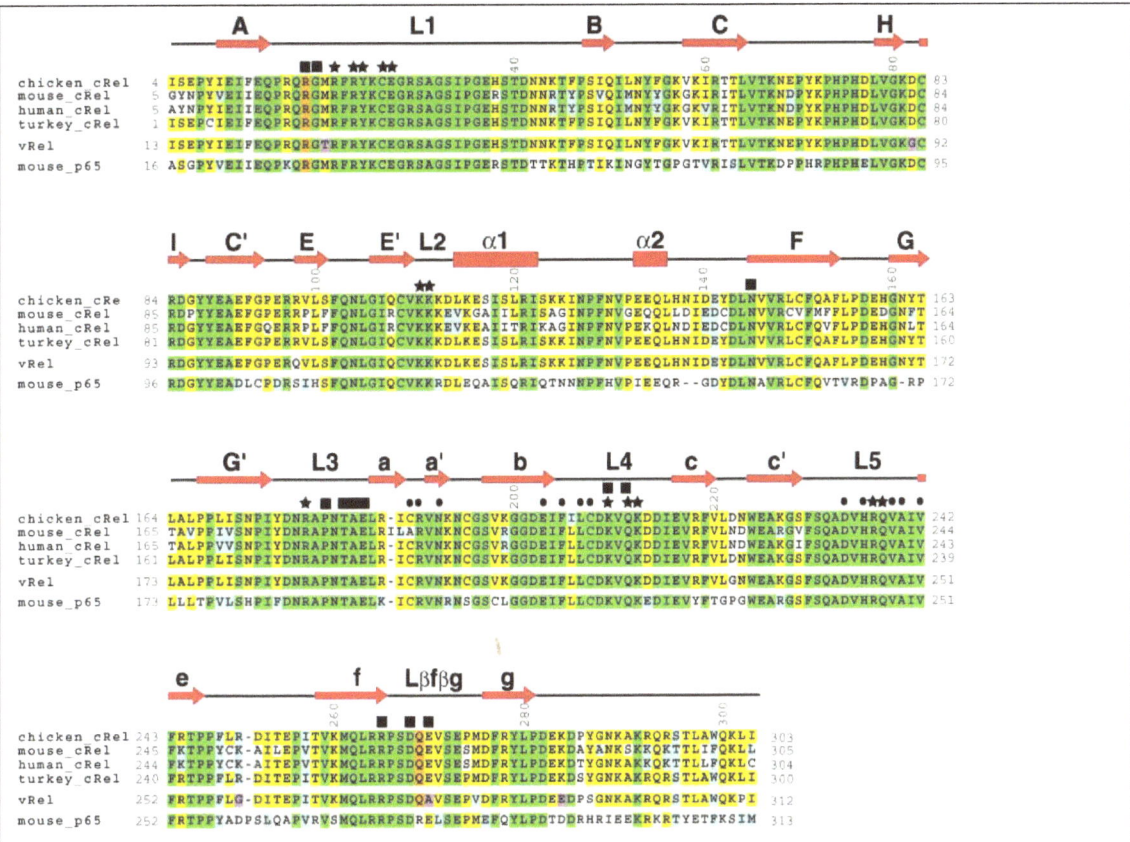

Figura 8. Alineamiento de las secuencias de c-Rel de pollo, ratón, humano y pavo con v-Rel y p65 de ratón. La estructura secundaria se indica sobre el alineamiento. Los asteriscos indican los aminoácidos que contactan con el ADN, los círculos indican los aminoácidos en la interfaz de dimerización y los cuadrados indican los aminoácidos involucrados en las interacciones entre dominios. El sombreado verde representa homología completa en el alineamiento de secuencias, el amarillo indica aminoácidos idénticos y el azul indica aminoácidos similares. Las mutaciones de v-Rel están sombreadas en magenta y la Arg18 y Gln268 en naranja.
Tomado de Huang, D.B., Chen, Y.Q., Ruetsche, M., Phelps, C.B., y Ghosh, G. (2001). Structure. 9:669-678.

La unión al ADN en los sitios κB se produce por los bucles laterales de los subdominios inmunoglobulina. Los contactos del dímero delinean dos subsitios en un sitio κB. Los contactos específicos de base en un subsitio se hacen a través del *loop* largo L1 que alcanza el surco mayor del ADN y contacta con el extremo de un subsitio (Chen y Gosh, 1999).

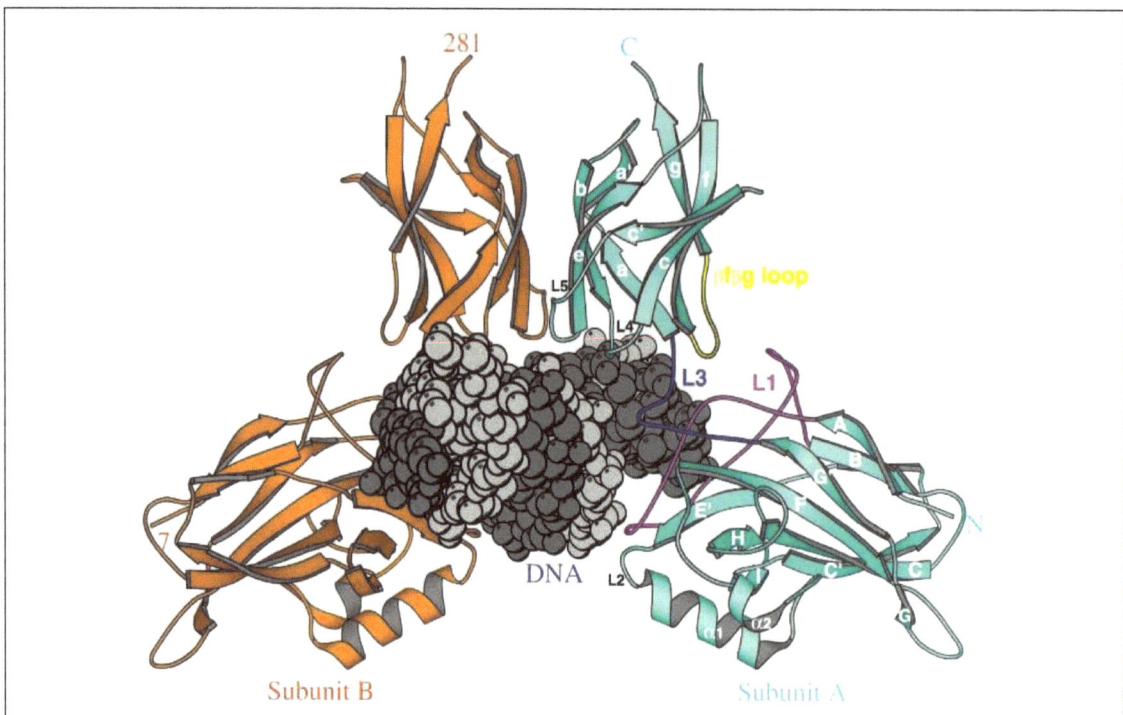

Figura 9. Estructura del complejo c-Rel/ADN. La proteína esta indicada con cintas y el ADN con esferas. La estructura secundaria está indicada en la subunidad A (en azul) y el bucle L1 está coloreado en magenta, el *loop* L3 en azul oscuro y el *loop* Lβfβg en amarillo. El bucle L2 es responsable de la especificidad mientras que los bucles L1 y Lβfβg son responsables de la afinidad.
Tomado de Huang, D.B., Chen, Y.Q., Ruetsche, M., Phelps, C.B., y Ghosh, G. (2001). Structure. 9:669-678.

Una región de 86 aminoácidos en el subdominio N de unión al ADN de RHD de c-Rel que contiene el bucle L2 y dos α-hélices es la responsable de la especificidad que muestra c-Rel para la inducción de ciertas citocinas (Huang et al., 2001).

```
A       ΔN
                              1                                          2
Mouse c-Rel  7 PYVEIIEQPRQRGMRFRYKCEGRSAGSIPGERSTD NNRTYPSVQIMNYYGKGKIRITLVTKNDPYKPHPHDLVGK
               PYVEIIEQP+QRGMRFRYKCEGRSAGSIPGERSTD +T+P+++I  Y G G +RI+LVTK+ P++PHPH+LVGK
Mouse p65   19 PYVEIIEQPKQRGMRFRYKCEGRSAGSIPGERSTD TTKTHPTIKINGYTGPGTVRISLVTKDPPHRPHPHELVGK

                                      3      EQ     Q      H        G        4
           82 DCRDGYYEA EFGPERRPLFFQNLGIRCVKKKEVKEAIILRISAGINPFNV PEQQLLDIEDCDLNVVRLCFQVFL
              DCRDGYYEA +  P+R  FQNLGI +CVKK++++ AI  RI   NPF+V P ++    D DLN VRLCFQV +
           94 DCRDGYYEA DLCPDRSIHSFQNLGIQCVKKRDLEQAISQRIQTNNNPFHV PIEE--QRGDYDLNAVRLCFQVTV

                 KA R              N
          156 PDEHGNFTTALPPIVSNPIYD NRAPNTAELRICRVNKNCGSVRGGDEIFLLCDKVQKDDIEVRFVLNDWEARGVF
               D   G     L P++S+PI D NRAPNTAEL+ICRVN+N GS  GGDEIFLLCDKVQK+DIEV F   WEARG F
          166 RDPAGR-PLLLTPVLSHPIFD NRAPNTAELKICRVNRNSGSCLGGDEIFLLCDKVQKEDIEVYFTGPGWEARGSF
                                                              C

          231 SQADVHRQVAIVFKTPPYCKAILE-PVTVKMQLRRPSDQEVSESMDFRYLPDEKDAYANKSKKQKTTLIFQKLLQ
              SQADVHRQVAIVF+TPPY      L+ PV V MQLRRPSD+E+SE M+F+YLPD D + + K+++T  F+ +++
          240 SQADVHRQVAIVFRTPPYADPSLQAPVRVSMQLRRPSDRELSEPMEFQYLPDTDDRHRIEEKRKRTYETFKSIMK  TD
```

Figura 10. Las regiones 3 y 4 del RHD de c-Rel son necesarias para la inducción de *Il12b*. Alineamiento de las secuencias de aminoácidos de c-Rel y p65 de ratón. Las flechas indican el límite entre el subdominio N-terminal del RHD (N), el subdominio C-terminal de RHD (C), el dominio de transactivación (TD), y los primeros 5 y 18 aminoácidos no-homólogos de c-Rel y p65 respectivamente (ΔN). No se muestran la secuencia de los dos últimos. El subdominio N-terminal de RHD se ha dividido en 4 regiones numeradas separadas por corchetes. Las lisinas conservadas que contactan con el ADN en la región 3 están subrayadas.
Tomado de Sanjabi S, Williams KJ, Saccani S, Zhou L, Hoffmann A, Ghosh G, Gerondakis S, Natoli G, Smale ST. (2005) Genes Dev. 19:2138-2151.

El subdominio N de unión al ADN de c-Rel permite la unión con alta afinidad a un mayor número de secuencias κB, incluyendo secuencias κB divergentes de la consenso, lo que permitiría entender las distintas funciones de RelA y c-Rel. Esto se explicaría porque los 86 aminoácidos del dominio N-terminal de RHD conforman una estructura tridimensional única del RHD de c-Rel (Sanjabi et al., 2005). IL-12 p40 (*il12/23b*) es un ejemplo de gen que sólo puede ser activado por c-Rel (Sanjabi et al., 2000). c-Rel también puede unirse con alta afinidad al elemento de respuesta CD28 (CD28RE) del promotor de *il2* al igual que al promotor de *il12/23b*. c-Rel también tiene una gran afinidad por los *enhancers* de E-selectina y GM-CSF. En los promotores de GM-CSF y E-selectina, los dos sitios κB están separados por 10 pb, la misma distancia que hay en el complejo c-Rel/ADN. Una de las secuencias κB de GM-CSF es un CD28RE y está regulado por c-Rel (Huang et al., 2001)

Los sitios κB son (N)GG**NNW**TTCC donde W es A o T, siendo la secuencia canónica para RelA (G)GG**RNT**TTCC donde R es una purina (A/G) (Kunsch et al., 1992)

Ej: Igκ o VIH LTR: (G)GG**ACT**TTCC

Algunos de los "sitios κB" de promotores activados por c-Rel son (Chen y Gosh, 1999):

GM-CSF: (G)GGAA**CTA**CC

il2 CD28RE: **AGAAA**TTCC

il23a: (G)GG**GAA**T**CCC**

il12a: GG**GAA**TCCC en ratón y GG**GAAAGT**CC en humanos

El sitio al que se une preferentemente c-Rel es GGG**GAA**T**CC** (Grumont et al., 2001, Kollet y Petro, 2006) aunque la transactivación preferencial por c-Rel se debe a que se une con mayor afinidad a secuencias κB divergentes de la consenso.

Nota: se marcan en rojo las bases que difieren de la secuencia consenso de RelA.

Las modificaciones post-traduccionales pueden ser relevantes para la afinidad de c-Rel y RelA por el ADN. La modificación mejor caracterizada es la fosforilación de la S276 de RelA que se incluye en una secuencia consenso de reconocimiento por PKA: R-R/K-X-S (Pearce et al., 2010), que se localiza en el bucle Lβfβg del subdominio C de dimerización y que modula su interacción con el bucle L1 del subdominio N de unión al ADN (Zhong et al., 1998; 2002; Dong et al., 2008). La S276 de RelA se identificó inicialmente como sustrato de PKAc tras la estimulación con LPS (Zhong et al., 1997), si bien posteriormente se caracterizó como sustrato de MSK1 en experimentos utilizando TNF-α como estímulo celular (Vermeulen et al., 2003).

PKAc puede asociarse con el complejo NF-κB:IκB a través de una interacción bivalente entre el dominio de unión a ATP de la PKAc y los IκBs y entre el dominio de unión al sustrato de la PKAc y p65 que contiene la secuencia de reconocimiento de tipo R-R/K-X-S/T. La asociación de PKAc con el complejo NF-κB:IκB inhibe su actividad catalítica, por lo que ésta deja de estar inhibida cuando se produce la degradación de las IκBs. La activación de PKA por este mecanismo es independiente de AMPc (el aumento farmacológico del AMPc no muestra influencia en la actividad de Rel) y representa un nuevo modo de activación de esta kinasa (Zhong et al., 1997). En otras palabras, frente al modelo convencional de activación de PKA por separación de las subunidades reguladoras y catalíticas que se produce tras la elevación de los niveles intracelulares de AMP cíclico, en el caso que nos ocupa es la degradación de IκB el mecanismo por el que se libera el centro activo de la subunidad catalítica de PKA (Ghosh et al., 1998).

La fosforilación de RelA/p65 funcionaría como un interruptor para el reconocimiento de ADN ya que anula el enmascaramiento del dominio de activación transcripcional por el dominio N-terminal (Chen y Ghosh, 1999), y permite el reclutamiento del coactivador CBP/p300 (Zhong et al. 1998) y la acetilación posterior de RelA (Chen et al., 2002, 2005), lo que aumenta su afinidad por el ADN (Naumann y Scheidereit, 1994), desplaza las histonas deacetilasas (Dong et al., 2008) y forma un puente con otros factores de transcripción (ATF-2 o c-Jun) y con el aparato basal de transcripción (TFIIB, P-TEFb) (Ghosh et al., 1998) necesario para la activación de un *subset* de genes diana.

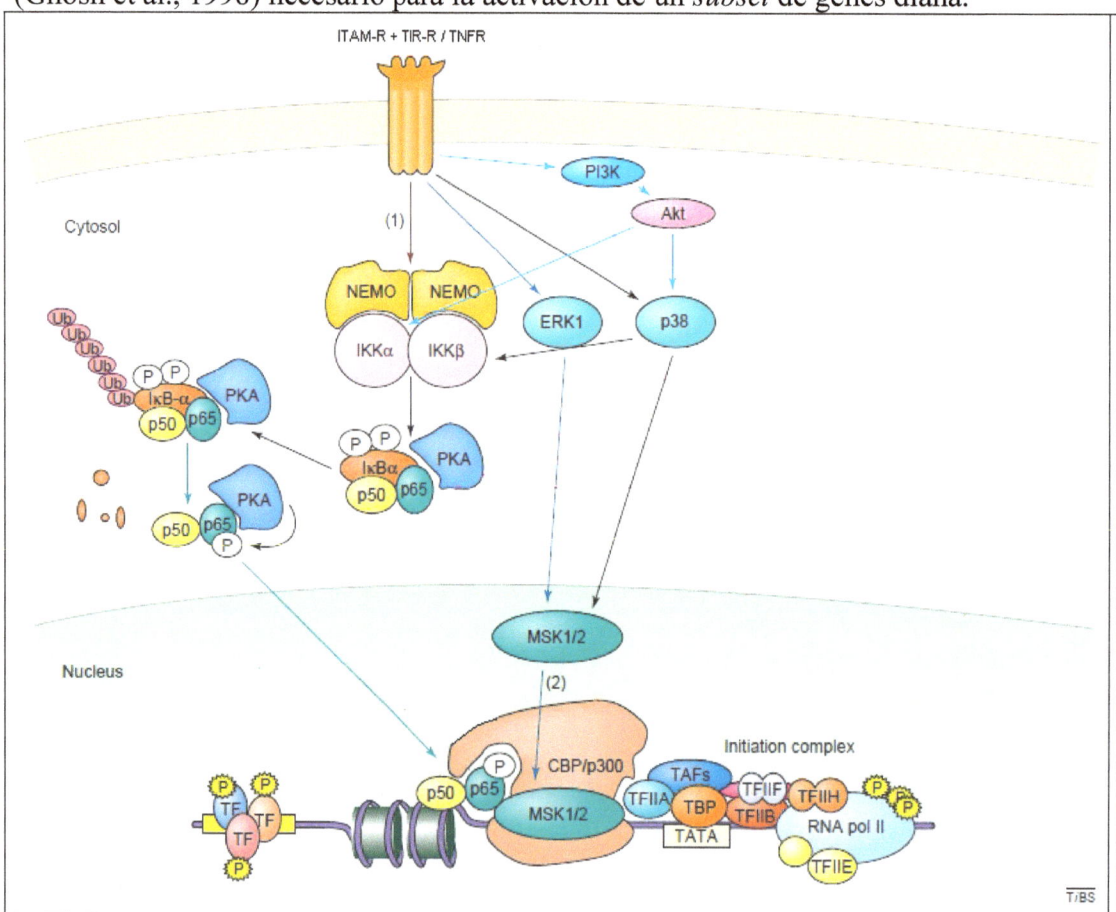

Figura 11. Modulación de la actividad transcripcional de p65 por fosforilación. Tras la estimulación del receptor correspondiente, el complejo IKK se activa (1), se libera el complejo p65/p50/PKAc y cesa la inhibición de la PKAc, por lo que es posible la fosforilación de la S276 de p65. La activación de MSK-1 a través de ERK y p38 (2) permite la fosforilación de las histonas H3 y/o a p65. La fosforilación de p65 aumenta su potencial de transactivación y las interacciones con coactivadores como CBP y p300. Los genes diana de NF-κB se inducen tras el reclutamiento del complejo iniciador que incluye TBP (TATA-Binding Protein), TFIIA, -B,-E,-F,-H, las TAFs y la RNA pol II en el promotor.

Abreviaturas: CBP, CREB-binding protein; CREB, cAMP response element-binding; ERK, extracellular signal-related kinase; IκB, inhibitor of NF-κB; IKK, IκB kinase; MSK1, mitogen- and stress-activated protein kinase-1; NEMO, NF-κB essential modulator; NF-κB, nuclear factor-κB; PI3K, phosphatidylinositol 3-kinase; PKA, protein kinase A; PKC, protein kinase C; RNA pol II, ARN polimerasa II; TAF, TBP-associated factor; TF, factores de transcripción; Ub, ubiquitina

Modificado de Viatour P, Merville MP, Bours V, Chariot A. (2005) Trends Biochem Sci. 30:43-52.

Un mecanismo similar podría ser necesario para la activación de c-Rel, dado que éste posee una secuencia de reconocimiento por PKA homóloga de la S276 de RelA alrededor de su serina S267. Sin embargo, no existen datos que apoyen esta idea, dado que en el único estudio realizado, la fosforilación de c-Rel por PKAcβ se observó de igual manera en la secuencia *wild type* y en la mutada. Asimismo, esta mutación no afectó a su actividad transcripcional. Este hecho sugeriría que la secuencia consenso en torno a la S267 de c-Rel no media el aumento de la transactivación por PKAcβ (Yu et al., 2004) y difiere de la dramática reducción de la actividad transcripcional dependiente de PKAcα observada en el mutante p65 (Zhong et al., 1997). Este resultado indicaría que podrían existir otros sitios de fosforilación en c-Rel que podrían influir en su actividad transcripcional o que el efecto de PKA dependa de acciones en otros blancos como la histona H3. La asociación de c-Rel fosforilado con CBP es controvertida ya que Wang et al., (2007) defienden que CBP no aumenta la transactivación de c-Rel a diferencia de RelA, porque c-Rel no puede asociarse con CBP mientras que Yu et al., (2004) defiende que CBP/p300 aumenta la transactivación de c-Rel.

El propósito de este estudio es definir el nivel al que se produce la regulación de la actividad transcripcional de c-Rel y cuales son las kinasas implicadas en estas reacciones. El abordaje experimental utilizado ha sido el empleo de ensayos de kinasas y el empleo de anticuerpos fosfoespecíficos que según los fabricantes reconocen específicamente las secuencias fosforiladas en las S276 de RelA y la S267 de c-Rel.

MATERIAL Y MÉTODOS

Reactivos
H89 y la subunidad catalítica de la PKA (PKAc) se adquirieron a Sigma Chemical Co. (St. Louis, MO), la histona recombinante H3.3 se obtuvo de New England BioLabs (Ipswich, MA), la MSK1 recombinante activa, el anticuerpo monoclonal anti-P-H3 (S10) (#04187) y el péptido inhibidor de PKA (PKAi) se compraron a Upstate Biotechnology (Lake Placid, NY)

Diseño de *primers*
Teniendo en cuenta la secuencia del RHD de c-Rel

ATGGCCTCCGGTGCGTATAACCCGTATATAGAGATAATTGAACAACCCAGGCAGAGGGGAATGCGTTTTA
GATACAAATGTGAAGGGCGATCAGCAGGCAGCATTCCAGGGGAGCACAGCACAGACAACAACCGAACATA
CCCTTCTATCCAGATTATGAACTATTATGGAAAAGGAAAAGTGAGAATTACATTAGTAACAAAGAATGAC
CCATATAAACCTCATCCTCATGATTTAGTTGGAAAAGACTGCAGAGACGGCTACTATGAAGCAGAATTTG
GACAAGAACGCAGACCTTTGTTTTTCCAAAATTTGGGTATTCGATGTGTGAAGAAAAAGAAGTAAAAGA
AGCTATTATTACAAGAATAAAGGCAGGAATCAATCCATTCAATGTCCCTGAAAAACAGCTGAATGATATT
GAAGATTGTGACCTCAATGTGGTGAGACTGTGTTTTCAAGTTTTTCTCCCTGATGAACATGGTAATTTGA
CGACTGCTCTTCCTCCTGTTGTCTCGAACCCAATTTATGACAACCGTGCTCCAAATACTGCAGAATTAAG
GATTTGTCGTGTAAACAAGAATTGTGGAAGTGTCAGAGGAGGAGATGAAATATTTCTACTTTGTGACAAA
GTTCAGAAAGATGACATAGAAGTTCGTTTTGTGTTGAACGATTGGGAAGCAAAAGGCATCTTTTCACAAG
CTGATGTACACCGTCAAGTAGCCATTGTTTTCAAAACTCCACCATATTGCAAAGCTATCACAGAACCCGT
AACAGTAAAAATGCAGTTGCGGAGACCTTCTGACCAGGAAGTTAGTGAATCTATGGATTTTAGATATCTG
CCAGATGAAAAAGATACTTACGGCAATAAAGCAAAGAAACAAAAGACAACTCTGCTTTTCCAGAAA**CTGT**

GCCAGGATCACGTAGAA (las secuencias en negrita están incluidas en los primers)
Se diseñaron los primers:
c-Rel S: ATTGTCGACTT**ATGGCCTCCGGTGCGTATAA**
c-Rel AS: TTAGCGGCCGCTTA**TTCTACGTGATCCTGGCACAG**
Código de color:
Rojo: secuencia de anclaje de la enzima de restricción (SalI y NotI respectivamente)
Verde: secuencia de reconocimiento de la enzima de restricción
Amarillo: codón de stop
Morado: par de nucleótidos para poner la secuencia en el marco de lectura del plásmido pET28a

Primers de la overlap mutagénesis (de acuerdo con las reglas de QuikChange Site-Directed Mutagenesis Kit)

1. La mutación debe estar en el medio del primer con unas 15 bases de secuencia correcta a ambos lados (primers entre 25 y 45 bases)
2. Deben terminar en una o más G o C
3. Contenido de GC superior a 40%
4. Temperatura de melting (Tm) de >78°C, calculada según la fórmula siguiente: Tm = 81,5 + 0,41(%GC) – 675/N - % mismatch (cálculo automático en http://www.stratagene.com/QPCR/tmCalc.aspx)

c-Rel mut S: gcagttgcggagacctgctgaccaggaagttag
        Q L R R P A D Q E V

c-Rel mut AS: ctaacttcctggtcagcaggtctccgcaactgc (complementario)

$$\%GC = \frac{19}{33} \cdot 100 = 57{,}58\% > 40\%$$

$$T_m = 81{,}5 + 0{,}41 \cdot 57{,}58 - \frac{675}{33} - \left(\frac{1}{33} \cdot 100\right) = 81{,}62°C > 78°C$$

Reacción en cadena de la polimerasa (PCR)

Se usó PfuUltra II Fusion HS DNA polymerase (Agilent Technologies, Santa Clara, CA) por su alta fidelidad y rapidez (30s/Kb). La reacción se realizó con 50 ng de *template*, tampón 10x (2.5 µl), 5 ng de cada *primer*, 2.5 mM dNTPs, 0.5 µl de PfuUltra en un volumen de 25 µl completado con agua. Las condiciones del termociclador fueron las siguientes:

5 min de desnaturalización a 94°C; 40 ciclos de 30 s de desnaturalización a 94°C, 30 s de anillamiento a 65°C y 30 s de elongación a 72°C; 10 min de extensión final a 72°C.

Mutagénesis por Solapamiento (*Overlap Mutagenesis*)

Es una técnica de mutagénesis que se describió por primera ver por Higuchi et al., (1988) y se desarrolló por Ho et al., (1989).

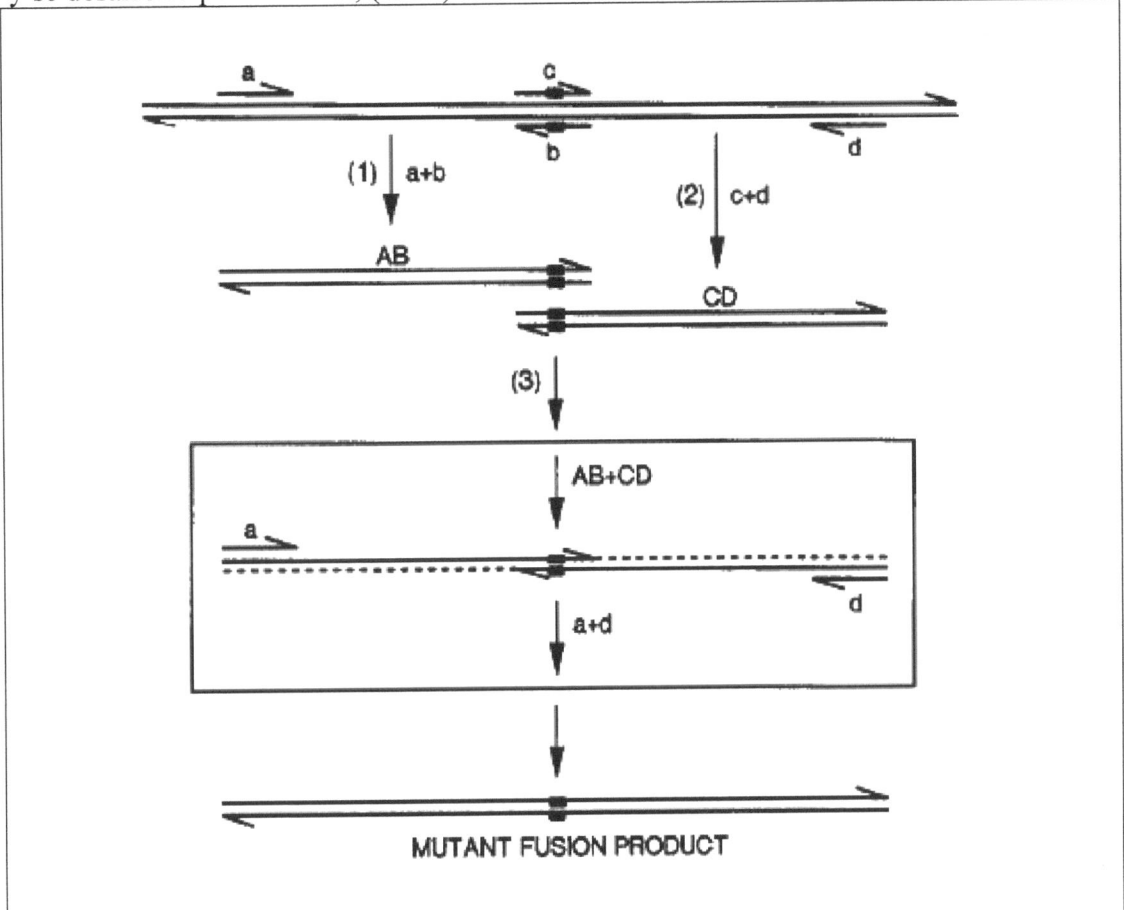

Figura 12. Esquema de la overlap mutagénesis. El ADN y los oligonucelótidos se representan con flechas indicando el sentido 5'-3'. El sitio de la mutagénesis se indica con un pequeño rectángulo negro. Los oligonucleótidos se nombran con minúsculas y los productos de PCR se nombran con el par de minúsculas correspondiente a los oligonucleótidos usados para generarlo. La porción cuadrada de la figura representa el intermedio que tiene lugar en el curso de la reacción (3), donde los fragmentos desnaturalizados anillan en la región de solapamiento y son extendidos a 3' por una ADN polimerasa (línea de puntos) para formar el producto mutante. Con los oligonucleótidos 'a' y 'd' adicionales se amplifica el producto mutante por PCR.

Tomado de Ho SN, Hunt HD, Horton RM, Pullen JK, Pease LR. (1989). Gene. 77:51-59.

Primero se hicieron dos PCR (1, 2) usando como *template* pGEX-cRel completo proporcionado por el Dr. Tse-Ha Tan (Baylor College of Medicine, Houston, TX) y como primers las parejas c-Rel S/c-Rel mut AS y c-Rel mut S/c-Rel AS respectivamente.

Luego se corrieron en un gel de agarosa al 0,5% a 90V y se pincharon las bandas obtenidas para utilizarlas como *template* (*megaprimer*) en la segunda PCR (3) y de *primers* la pareja (c-Rel S/c-Rel AS)

Una vez realizada la PCR se volvió a correr en un gel de agarosa al 0,5% a 90V para purificar la banda usando el *GFX PCR DNA & Gel Band Purification Kit* de Illustra en 50 µl de H_2Oe

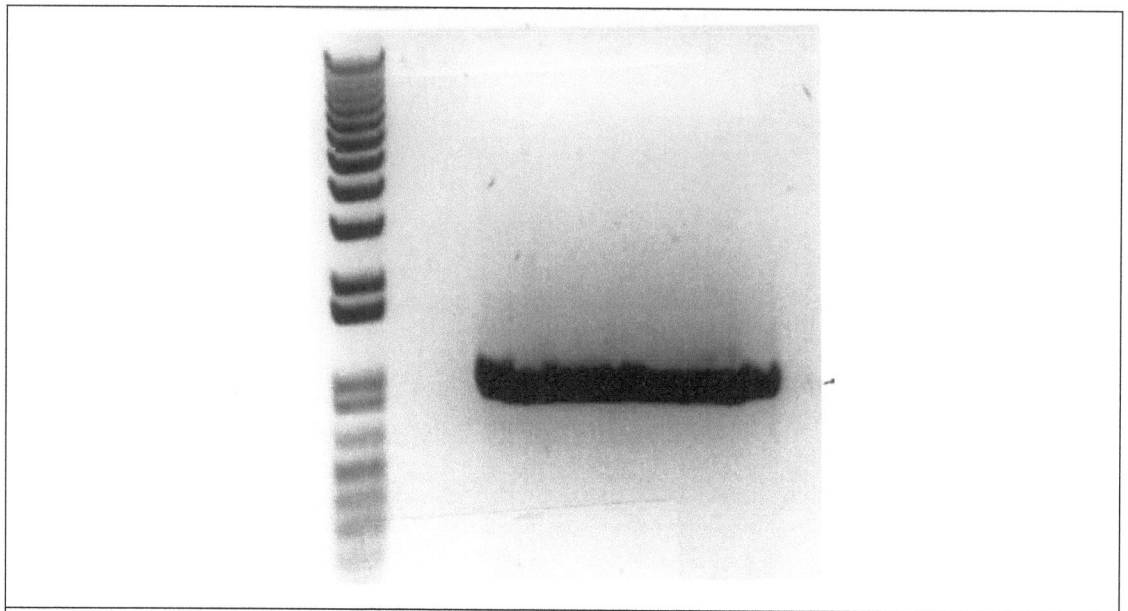

Figura 13. Banda de c-Rel con la mutación S267A a la altura de la banda de 1000 pb (el inserto tiene 930 pb)

Digestión con las enzimas de restricción NotI y SalI

A los 50 µl de producto de PCR eluido se añadieron solución de BSA 10x (7 µl), tampón 3 10x (New England BioLabs, 50 mM Tris-HCl, 10 mM MgCl$_2$, 1 mM DTT, 100 mM NaCl (7 µl), 1 µl de NotI y de SalI y 4 µl de H$_2$Oe para completar un volumen de 70 µl. la digestión se realizó durante la noche a 37°C.

Por otro lado se digirieron 3 µg del plásmido pET28a inicialmente con NotI (puesto que ambas enzimas interfieren por la proximidad de los sitios de restricción en la secuencia polilinker y NotI carece de la actividad exonucleasa presente en SalI) añadiendo: 2 µl de solución de BSA, 2 µl de tampón 3 10x, 1 µl de NotI y H$_2$Oe para completar un volumen de 20 µl. La incubación se mantuvo a 37°C durante la noche. Posteriormente la mezcla de la reacción se cargó en un gel de agarosa 0,5% a 90V para comprobar si se había producido la digestión y purificar la banda mediante extracción con *GFX PCR DNA & Gel Band Purification Kit* en 50 µl de H$_2$Oe. Al producto extraído se añadieron 7 µl de BSA 10x, 7 µl de tampón 3 10x, 1 µl de NotI y de SalI y 4 µl de H$_2$Oe para llegar hasta 70 µl y se incubó una hora a 37°C Tras las respectivas digestiones de purificaron los insertos y el plásmido.

Ligación

Para determinar la proporción a la que se encuentran el plásmido y el inserto, y poder definir las condiciones de la reacción de ligadura, se corrieron en un gel de agarosa al 0,5% 2 µl de cada preparación.

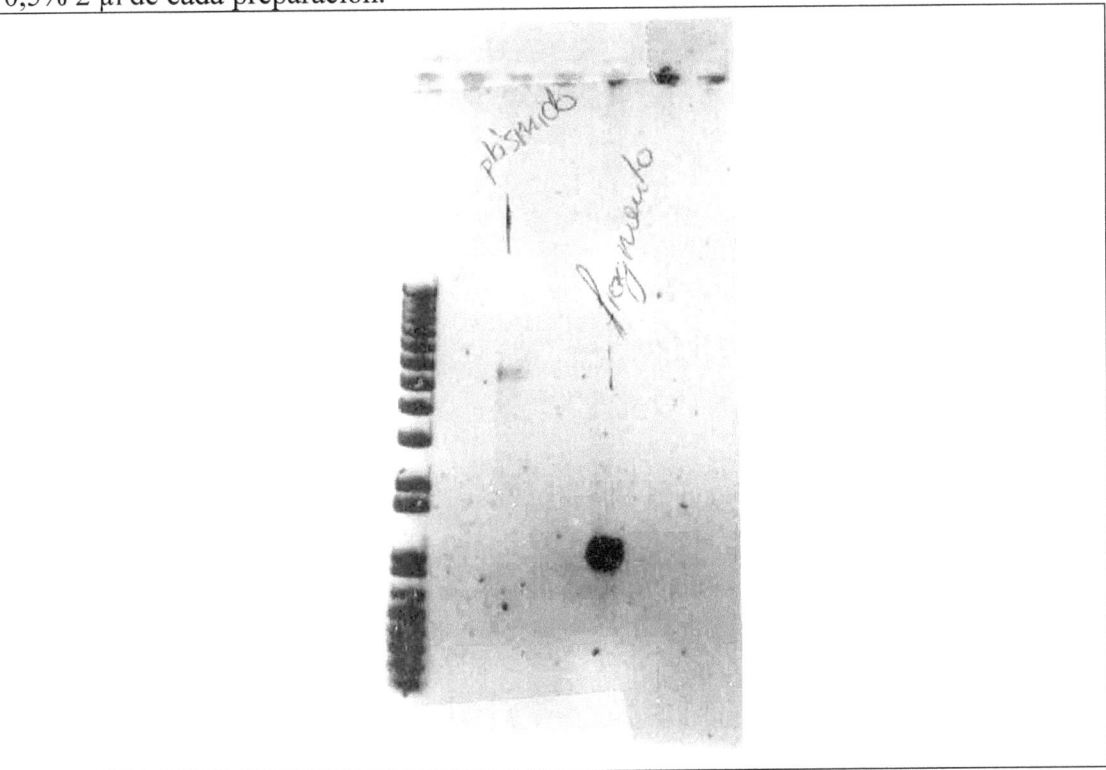

Figura 14. Gel de agarosa 0,5% en el que se corrieron 2 µl de plásmido (que aparece entre las bandas de 5000 y 6000 ya que tiene 5358 pb) y del inserto c-Rel que aparece nuevamente en torno a la banda de 1000 pb (930 pb). El plásmido está a menos concentración que el inserto, por lo que se puede usar el mismo volumen de plásmido e inserto en la ligación.

El inserto deberá estar en exceso respecto del plásmido para evitar el reanillamiento y la reacción no debe hacerse en un volumen superior a 8 µl (normalmente los insertos suelen estar más concentrados que el plásmido así que se suele añadir 3 µl de cada uno). La muestra se completó con un 1 µl de tampón 10x y 1 µl de ligasa de T4, y H_2Oe hasta 10 µl. La incubación se realiza durante la noche a 19°C.

Transformación por choque térmico de bacterias XL1-Blue

La cepa de *E. coli* XL1-Blue es deficiente en endonucleasa, lo que mejora la calidad de las *miniprep*, y es deficiente en recombinasa, lo que mejora la estabilidad del inserto. Además tiene el gen *lacI* (represor) para *screening* por color si se transforma con un plásmido que tenga el gen de la β-galactosidasa.

En dos tubos Falcon de 15 ml se añadieron 100 µl de XL1-Blue y todo el producto de la ligación y se mantuvo durante 30 min en hielo. El choque térmico se realizó incubando, inicialmente, a 42°C durante 45s y, posteriormente, durante 2 min en hielo. Se añadieron 800 µl de LB y se mantuvo a 37°C en un baño durante una hora, aproximadamente. Aprovechando que al cabo de ese tiempo las bacterias han sedimentado, se descartaron 700 µl de medio y se tomaron los 150 µl en los que se resuspendió el pellet. La suspensión bacteriana se plaqueó en una placa de Agar-LB con 0.03 mg/ml de kanamicina y se mantuvieron en una estufa a 37°C durante la noche.

Screening de colonias

Las colonias bacterianas obtenidas se recogieron en un volumen de 5 μl y se mezclaron con 5 μl de medio de PCR que contenía un *primer sense* de T7 y el *primer* AS de c-Rel. La PCR se hizo en el termociclador con el programa: 5 min a 94°C; 40 ciclos de 30 s a 94°C, 30 s a 52°C y 72°C 1 min; 10 min de extensión final a 72°C. Posteriormente se corrieron todas las muestras en un gel de agarosa 1% a 90V para comprobar en cuáles aparecía la banda correspondiente a la amplificación del inserto.

Miniprep

En tubos universales se dispensaron 6 ml de LB y 18 μl de kanamicina 10 mg/ml para obtener la concentración final de 0.03 mg/ml, a los que se añadieron las correspondientes alícuotas de bacterias. Los tubos se dejaron entreabiertos y se incubaron durante la noche en un agitador orbital a 37°C y 240 rpm. Al día siguiente se centrifugaron los tubos 10 min a 3000 rpm y 4°C, y se purificaron los plásmidos con *plasmidPrep Mini Spin Kit* de *Illustra* mediante elución en 50 μl de agua miliQ. Posteriormente se valoraron las muestras con el Nanodrop para determinar la concentración de cada elución y proceder a su secuenciación para confirmar la presencia del inserto adecuado.

Transformación por choque térmico de las BL-21

La cepa de *E. coli* BL-21 es una cepa lisogénica de la cepa B que naturalmente carece de proteasas y cuyo profago λ contiene una ARN polimerasa de T7 inducible bajo control del promotor *lac*.

En dos tubos Falcon de 15 ml se añadieron 100 μl de BL-21 y 1 μl del respectivo plásmido y se dejó 5 min en hielo. Después se realizó el choque térmico, inicialmente 45 s a 42°C y, posteriormente, 2 min en hielo. Se añadieron 800 μl de LB y se mantuvo a 37°C en un baño termostatizado durante una hora para su recuperación metabólica y descartar el sobrenadante. El *pellet* bacteriano se plaqueó en Agar-LB con 0.03 mg/ml de kanamicina y se mantuvo en una estufa a 37°C durante la noche.

Escalado e inducción de proteína

En tubos universales se añadieron 5 ml de LB y 15 μl de kanamicina 10 mg/ml. Se picaron dos colonias en su tubo correspondiente, se dejaron los tubos entreabiertos y se incubaron durante la noche en el agitador orbital a 37°C y 240 rpm. Al día siguiente, se añadieron a dos Erlenmeyer de 500 ml autoclavados, 250 ml de LB, 750 μl de kanamicina (0.03 mg/ml concentración final) y el contenido de los tubos universales. Se procedió a incubar durante tres horas en el agitador orbital a 37°C y 240 rpm para promover el crecimiento de las bacterias. Posteriormente se añadió IPTG (IsoPropil-β-D-TioGalactósido, inductor no metabolizable del operón *lac*) 1 M en una proporción 1:1000 (255 μl para una concentración final [Cf] 1 mM) y se mantuvo la incubación durante cinco horas más en el agitador orbital a 30°C (para detener su crecimiento) y 240 rpm para inducir la síntesis de la ARN polimerasa de T7 y, en consecuencia, la síntesis de la proteína. Finalmente se añadió todo el contenido a tubos grandes de centrífuga y se centrifugó 10 min a 6000 rpm a 4°C. El pellet se conservó a -80°C hasta el momento de extraer la proteína.

Purificación de proteínas con colas de His

Se resuspendió cada pellet con 25 ml de tampón de unión (20 mM de Tris-HCl pH 7'9, 500 mM de NaCl y 5 mM de Imidazol) y se pasó a tubos Falcon, a los que se añadieron 200 μl de PMSF 0,1 M (Cf = 0.8 mM) para inhibir las proteasas que se pudieran liberar de las bacterias. Se sonicó en hielo con el sonicador de aguja 12 veces en ciclos de 30s on/30s off a máxima potencia (A: 30%), se añadieron 5 ml de NP40 10% y se mantuvo la mezcla 10 min a 4ºC. Se tomaron 20 µl (esta fracción se denomina **TL**) y la preparación se transfirió a tubos de centrífuga y se centrifugó 30 min a 12000 rpm a 4ºC. Mientras se centrifugaba se lavaron las bolas de Ni tres veces con 400 µl de agua y dos veces con tampón de unión. El sobrenadante resultante de la centrifugación del lisado bacteriano se decantó en un Falcon y se tomaron 20 µl del sobrenadante y del pellet: (fracciones **SB y PE)**. Al sobrenadante se le añadieron las bolas de Ni y se mantuvieron durante la noche en un rotor en cámara fría a 4ºC para que las proteínas con colas de His puedan unirse a las bolas de Ni.

Al día siguiente se separaron las bolas del sobrenadante: se tomaron 20 µl (FlowThrow, **FT)** y las bolas se lavaron dos veces con 10 ml del tampón de lavado (20 mM de Tris-HCl pH 7'9, 500 mM de NaCl y 20 mM de Imidazol) y se pasaron a tubos Eppendorfs. Después se hicieron cuatro eluciones con 350 µl de tampón de elución (20 mM de Tris-HCl pH 7'9, 500 mM de NaCl y 500 mM de Imidazol) en el que el Imidazol desplaza la interacción de las His de la proteína con el Ni de las bolas (agitando 15 min con el rotor a temperatura ambiente para cada elución): E1, E2, E3 y E4, de las cuales también se tomaron 20 µl de muestra, al igual que de las bolas eluidas: **BAE**

A las muestras se las añadió tampón de Laemmli 2x y se calentaron durante 5 min a 98ºC, antes de cargarse en un gel de poliacrilamida 10%. Tras la electroforesis se procedió a la tinción con azul Coomassie.

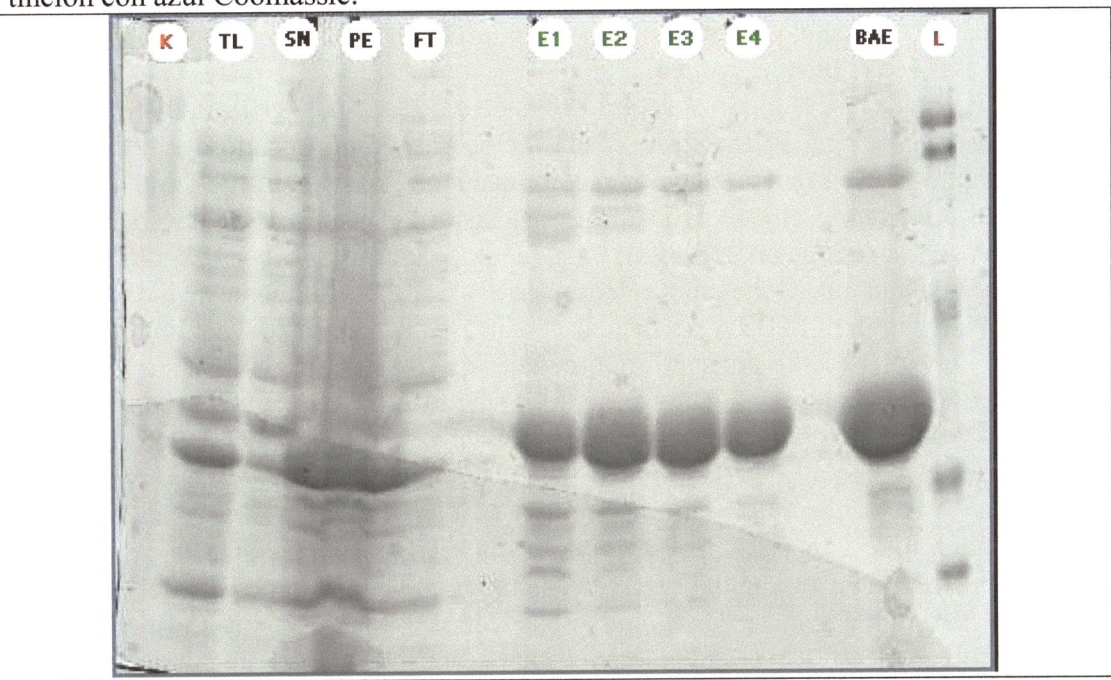

Figura 15. SDS-PAGE 10% teñido con azul Coomassie y escaneado por transmisión. En rojo los marcadores Kaleidoscope (K) y Low Range (L), en negro los controles de las distintas fases del proceso de purificación: TL, SN, PE, FT y BAE arriba mencionados; y en verde las 4 eluciones: E1, E2, E3 y E4. La banda de c-Rel se encuentra entre las bandas de 27,9 y 35,9 del marcador Low Range

Diálisis

Se juntaron los volúmenes procedentes de las distintas eluciones en una membrana de diálisis y se introdujo en unos 600/700 ml de tampón de diálisis (baja fuerza iónica suplementado con quelante: EDTA 1 mM, NaCl 50 mM y Tris-HCl 20 mM, pH 7,4) a 4°C. Se hizo un cambio de tampón a las tres horas y otro tras la noche. Al día siguiente se valoró la concentración de proteína por el método de Bradford, se alicuotó la muestra en fracciones de 100 µl en tubos Eppendorfs y se conservaron a –80°C.

Ensayo de kinasa no radioactivo e inmunoblot

Tampón de reacción 5x: 40 mM de MOPS-NaOH pH 7 y 1 mM de EDTA
Tampón de las enzimas: 20 mM de MOPS, 1 mM de EDTA, 5% de glicerol, 0'01% de NP-40, 0'1% de β-mercaptoetanol y 1 mg/ml de BSA
Las enzimas MSK1 y PKAc se disuelven en este tampón a una concentración de 6 ng/µl
Tampón ATP-acetato de Mg 2,5x: 25 mM de $MgAc_2$ y 0,25 mM de ATP.

Para el ensayo de kinasa no radioactivo se añadieron 1 µg de sustrato (c-Rel WT o mutado), 20 ng de la enzima (3,33 µl de MSK1 o PKAc 6 ng/µl), 3 µl de Tampón de Reacción 5x, 12 µl de Tampón ATP-$MgAc_2$ 2,5x (Cf = 10 mM de $MgAc_2$ y 100 µM de ATP) y se completó con H_2O hasta 30 µl. La mezcla se incubó durante 30 min a 37°C en un baño y se paró la reacción por adición de tampón de Laemmli 5x y calentamiento durante 5 min a 95°C en el bloque térmico.

El producto de la reacción se sometió a electroforesis en un gel de poliacrilamida al 10% a 25 mA. El contenido del gel se transfirió a una membrana de nitrocelulosa a 400 mA durante 1h 30 min. Posteriormente se lavó la membrana con TTBS y se incubó durante 90 min en 5 ml de solución de bloqueo para proteínas fosforiladas (5% BSA en TTBS) y luego se incubó con una solución 1:1000 del anticuerpo primario anti-P p65 S276 (Cell Signalling # 3031) durante la noche en la cámara fría a 4°C. Al día siguiente se hicieron 5 lavados de unos 8 min con TTBS y se incubó con una solución 1:2000 del anticuerpo secundario anti-conejo (5 µl de antisuero anti-conejo en 10 ml de 5% BSA en TTBS) durante una hora a temperatura ambiente. Posteriormente se hicieron cuatro lavados de 5 min con TTBS y se incubó durante un min con el reactivo ECL. Finalmente se reveló introduciendo la membrana junto con una película fotográfica en una *casette* de autorradiografía

Para tener un control de carga se hizo *stripping* de la membrana mediante lavado con TTBS durante 10 min para retirar los restos del tampón con los anticuerpos, se incubó durante 75 min en 5 ml de solución de bloqueo (5% leche en TTBS) y posteriormente se incubó en una solución 1:10000 del anticuerpo primario anti-cRel N-t (Santa Cruz sc-70) y posteriormente con el secundario anti-conejo durante una hora a temperatura ambiente. La cuantificación de las bandas fue llevada a cabo con el software de imagen BioRad Quantity One (BioRad, Hercules, CA)

Ensayo de kinasa mediante radioactividad

El ensayo se realizó en los mismos medios y condiciones que cuando se realizó con reactivos no radioactivos, con la excepción de 1 µCi de [γ-^{32}P]ATP y la concentración de ATP en el Tampón ATP-$MgAc_2$ 2,5x: 25 mM de acetato de Mg y 0,05 mM de ATP
El ensayo se hizo utilizando como sustratos c-Rel e histona H3.3. La mezcla de la reacción se desarrolló en un gel de poliacrilamida al 10% a 25 mA, que posteriormente se secó y se aplicó en una *cassette* mediante tecnología de PhosphorImager.

RESULTADOS

c-Rel contiene una secuencia consenso de reconocimiento para PKA y MSK en torno a la S267, similar a la existente en el entorno de la S276 de RelA, como se muestra en la Figura 16

Figura 16. Secuencias consenso reconocidas por PKA y MSK en RelA/p65, c-Rel e histona H3

Las secuencias marcadas en rojo son secuencias consenso de reconocimiento para PKA y MSK1 dado que se ajustan al criterio:
MSK, R-R/K-X-S y RKS
PKA, R-R/K-X-S/T-(X aa hidrofóbico) y R/K-X-S/T (Davies et al., 2000).

Para determinar si la S267 se fosforilaba igual que la S276 de RelA se realizó un ensayo de kinasa *in vitro* con las proteínas sustrato recombinantes y con MSK1 constitutivamente activa y PKAc, también recombinantes, ya que los anticuerpos fosfoespecíficos en extractos celulares en los que p65 está presente junto a otras proteínas que pueden contener secuencias de fosforilación homólogas (otras proteínas reguladas por PKA, como la Ser267 de c-Rel y la Ser337 de NF-κB1, entre otras), tienen una clara preferencia por otras dianas que se expresan con mayor abundancia, se fosforilan más eficientemente o tienen una mayor afinidad por el anticuerpo fosfoespecífico que la Ser276 fosforilada de p65, lo que impide la detección de la Ser276 fosforilada de p65 (Spooren et al., 2010). En este ensayo se usó el anticuerpo anti P-S276-p65 ya que c-Rel tiene la misma secuencia de fosforilación que p65/RelA y el fabricante especifica que puede reconocer P-S267-c-Rel.

Como se muestra en la Figura 17, no se observaron cambios significativos en la intensidad de la fosforilación *in vitro* del RHD del c-Rel WT y del mutante, a juzgar por la ausencia de variaciones en la densitometría de la banda reconocida por el anticuerpo fosfospecífico.

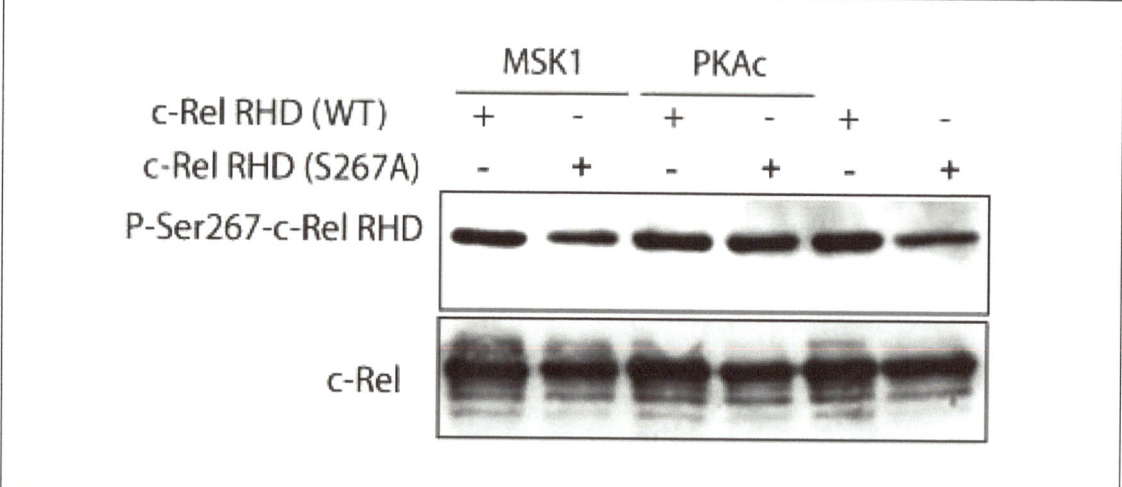

Figura 17. Experimento de fosforilación *in vitro* del RHD de c-Rel y del mutante S267A con proteínas sustrato recombinantes (1 µg) y 15 ng de MSK1 o PKAc a 37°C durante 30 min en tampón de reacción. La reacción se paró añadiendo tampón Laemmli y las proteínas sustrato fosforiladas se separaron por SDS-PAGE 15%. La fosforilación de c-Rel se detectó por Western-blot usando anticuerpo fosfoespecífico anti-P-S276-p65. Obsérvese que la banda de la proteína WT muestra la misma intensidad que la del mutante y que la de las calles en las que se omitieron las kinasas.

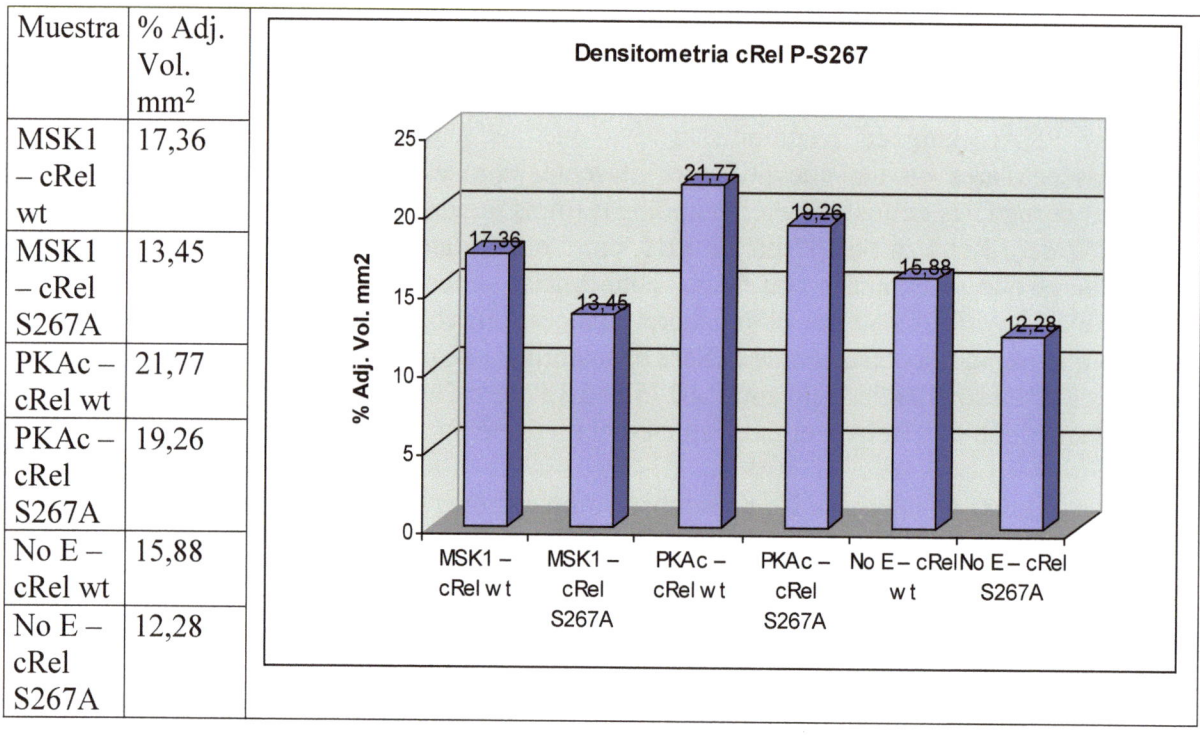

Muestra	% Adj. Vol. mm^2
MSK1 – cRel wt	17,36
MSK1 – cRel S267A	13,45
PKAc – cRel wt	21,77
PKAc – cRel S267A	19,26
No E – cRel wt	15,88
No E – cRel S267A	12,28

Este resultado difiere de lo observado cuando se utilizó RelA como substrato y el mismo anticuerpo para inmunoblot, ya que la banda de p65 WT es mucho más intensa que la del mutante S276C (Spooren et al., 2010)

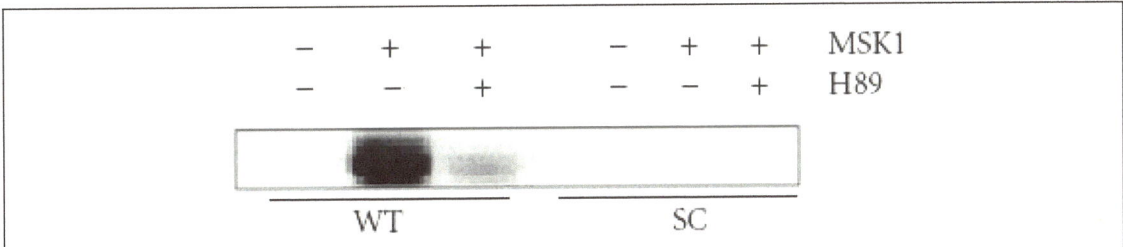

Figura 18. Reconocimiento *in vitro* de la S267 fosforilada de p65 por un anticuerpo fosfoespecífico, 1 μg de p65 wt y el mutante S267C se fosforilaron con MSK-1 recombinante activa con o sin 10 μM H89 y se separaron por SDS-PAGE

Tomado de Spooren A, Kolmus K, Vermeulen L, Van Wesemael K, Haegeman G, Gerlo S. (2010) J Biomed Biotechnol. 2010:275892.

Posteriormente se estudió la incorporación de fosfato radioactivo en el RHD de c-Rel. Se observó que PKA y MSK1 inducen una fosforilación similar del RHD tanto en el WT como en el mutante S267A, lo que sugiere que alguna de las 10 serinas o 14 treoninas del RHD podrían ser sustratos de estas kinasas, con excepción de la S267 como se muestra en la Figura 19. Por otra parte, ambas kinasas provocaron una intensa fosforilación de la histona H3.3

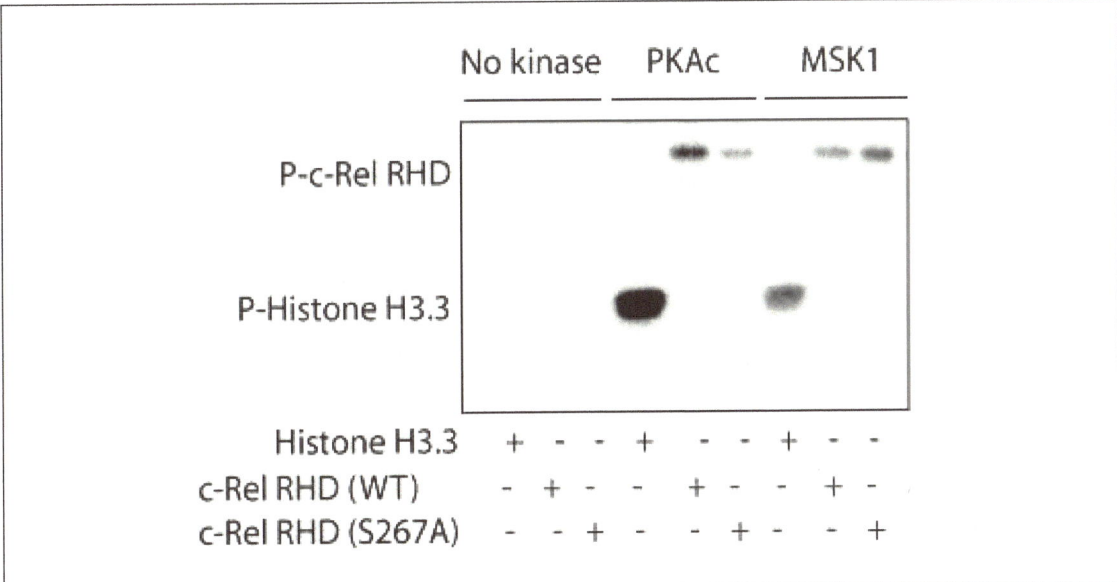

Figura 19. Ensayo de kinasa usando el RHD de c-Rel y la histona H3 como sustratos en presencia de 1 μCi de [γ-^{32}P]ATP. Las proteínas sustrato fosforiladas se separaron por SDS-PAGE 15% y la incorporación de fosfato se analizó mediante captura con la tecnología de PhosphorImager. La imagen muestra que tanto el RHD de c-Rel y la H3 pueden ser fosforiladas por PKAc y MSK1

Tanto PKA como MSK1 son proteína-kinasas inhibibles por H89 (un inhibidor competitivo del sitio de unión de ATP de PKA y MSK-1). Como se muestra en la Figura 20, la fosforilación del RHD de c-Rel por PKAc se inhibió completamente por H89 1 μM, tanto en el WT como en el mutante. El mismo resultado se observó cuando se utilizó el inhibidor de PKA (PKAi), mientras que la fosforilación por MSK1 se redujo en menor grado por H89 y PKAi. Este resultado puede explicarse porque la secuencia del péptido PKAi, TTYADFIASGRTGRRNAIHD, contiene la secuencia pseudosustrato RRX(S/A) que también es reconocida por MSK1. También se observa que H89 y PKAi inhibieron completamente la fosforilación de la histona H3.3 por PKAc, mientras que a las concentraciones utilizadas no inhibieron el efecto de MSK1.

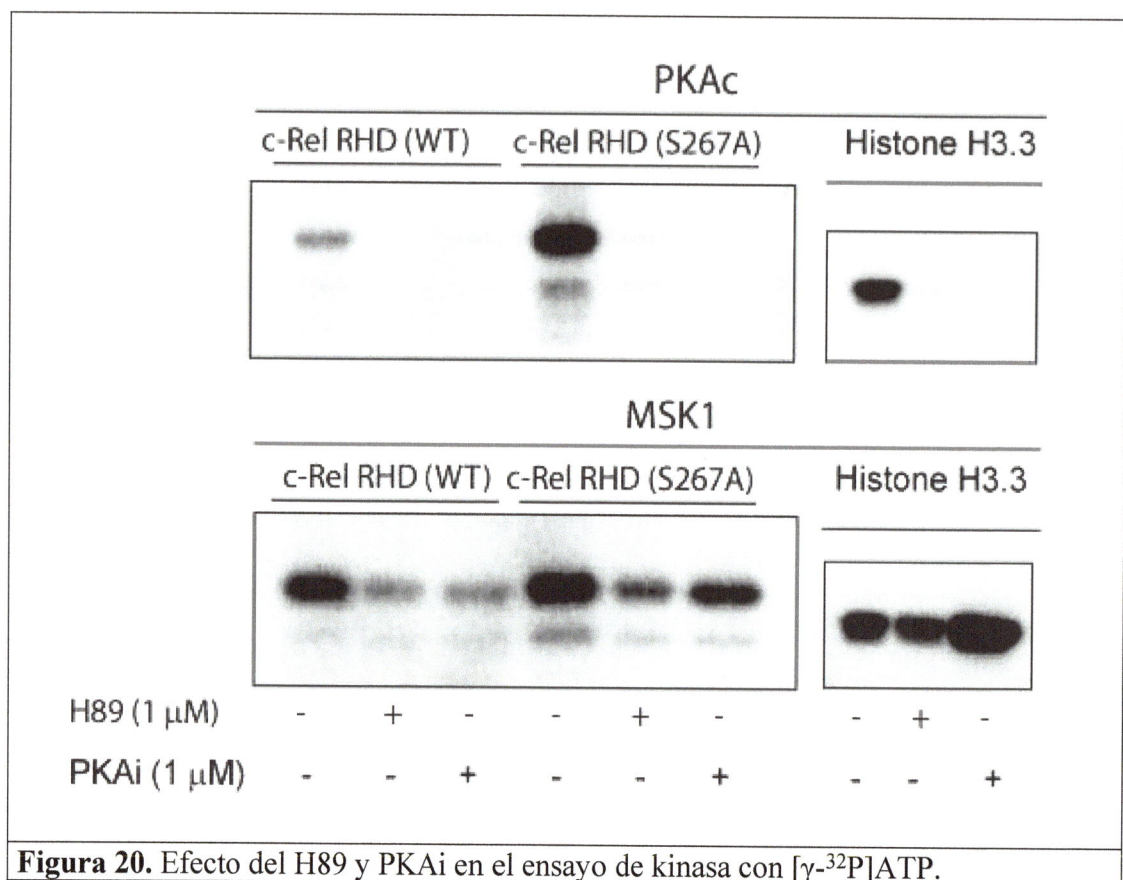

Figura 20. Efecto del H89 y PKAi en el ensayo de kinasa con [γ-^{32}P]ATP.

Por este motivo, se realizaron experimentos adicionales con distintas concentraciones de H89 para cuantificar la potencia del efecto inhibidor sobre los distintos sustratos. H89 aún inhibía la actividad de PKAc a una concentración de 0,1 µM, mientras que se requerían concentraciones superiores a 1 µM para obtener una inhibición significativa de MSK1 como se muestra en la figura 21.

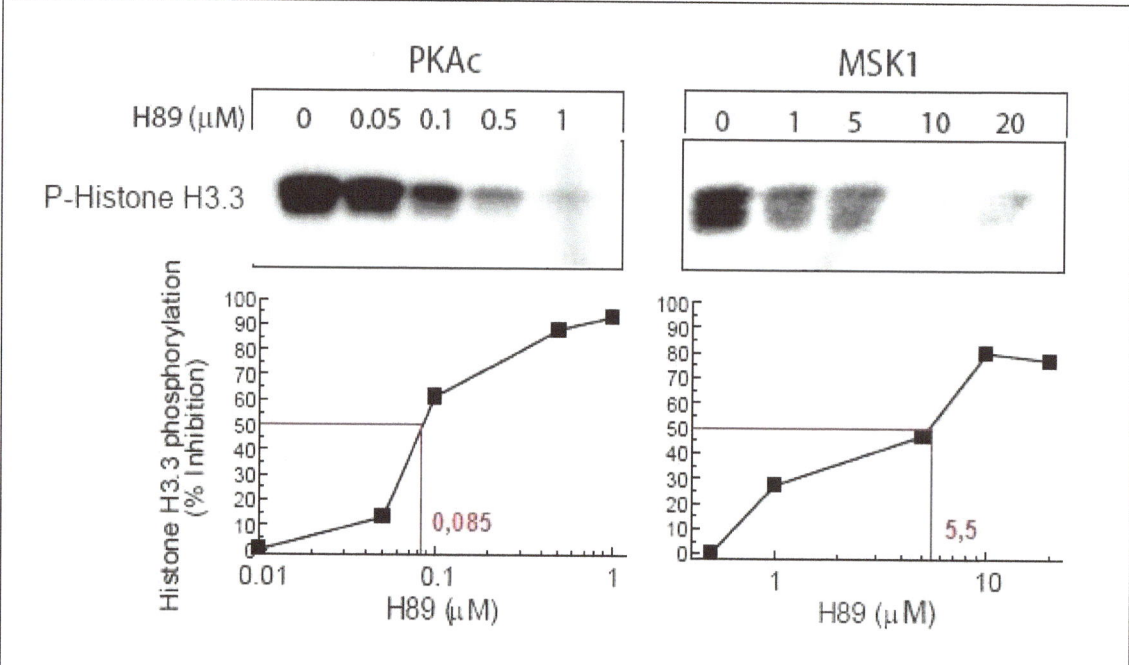

Figura 21. Efecto de la concentración de H89 sobre la fosforilación de la histona H3 por PKAc y MSK1 y estimación de la IC$_{50}$

A partir de las gráficas construidas sobre los datos obtenidos al cuantificar mediante densitometría la intensidad de los *blots*, se calcularon las IC_{50} (concentración que inhibe el 50% de la respuesta) aproximadas de ambas kinasas:

	IC_{50} calculada (µM) Sustrato: Histona H3.3	IC_{50} (µM) Sustrato: Kemptide (Davies et al., 2000)
PKAc	0,085	0,135
MSK-1	5,5	0,12

Se observa que la IC_{50} calculada para MSK-1 es mayor cuando se utilizó como sustrato la histona H3 que la estimada por Davies et al. (2000). Una explicación de esta discrepancia es que en ese estudio se utilizó como sustrato Kemptide (un péptido sustrato de secuencia: LRRASLG)

DISCUSIÓN

c-Rel es un factor importante en la regulación de fenómenos biológicos como la proliferación de células mieloides y linfoides, y la diferenciación Th1 y Th17 ya que controla la actividad de los promotores de moléculas coactivadoras de linfocitos como ICAM1, E-selectina, CD40, CD80 y CD86; y de citocinas estimuladoras de células mieloides como GM-CSF y de linfocitos como *il2*-CD28RE. Más recientemente se ha referido su efecto sobre la regulación de *il12a* e *il23a*, que son subunidades de IL-12/23 responsables de la polarización de la respuesta inmune a los tipos Th1 y Th17. Se ha descrito que los patrones moleculares derivados de hongos inducen la unión de c-Rel al promotor de *il23a* junto con MSK y CBP e incrementan la fosforilación de la S10 de la H3, mientras que estímulos como LPS inducen la unión mantenida de c-Rel al promotor de *il12a* (datos no publicados). El aumento de la actividad transcripcional dependiente de c-Rel se observa en leucemias y linfomas, así como en ciertas enfermedades autoinmunes. Por el contrario, su ausencia provoca un estado de inmunodeficiencia que conduce al desarrollo de infecciones. Aunque se conoce que fosforilaciones en el dominio de transactivación son importantes para su función, es menos conocido el significado de las fosforilaciones en el RHD. El hecho de que la fosforilación del RHD de p65 sea importante para el control de su actividad transcripcional, hace necesario aclarar si un mecanismo similar de modificación post-traduccional puede afectar a la función de c-Rel.

El bajo reconocimiento por el anticuerpo fosfoespecífico de cRel en condiciones de fosforilación y la ausencia de diferencias en la incorporación de fosfato entre la forma WT y la mutada en el ensayo con [^{32}P-γ]ATP indicarían que la S267 de c-Rel no se fosforila por MSK1 ni por PKA, por lo que la secuencia RRPS en torno a la S267 no es reconocida por PKA y/o MSK a pesar de encontrarse en una secuencia consenso. Este hecho está de acuerdo con lo publicado por Yu et al., (2004), quienes describieron que PKAcβ fosforilaba directamente c-Rel y aumentaba su actividad transcripcional, incluso si la secuencia consenso en torno a la S267 estaba mutada. Estos hallazgos demuestran que la secuencia consenso en torno a la S267 de c-Rel no media el incremento de la actividad transcripcional por PKAcβ y difieren de la dramática reducción de la actividad transcripcional dependiente de PKAcα que se observa en el mutante de p65 (Zhong et al., 1997). Una interpretación plausible de estos datos es que existan otros sitios de fosforilación en c-Rel que podrían ser sustratos de PKAcβ o alternativamente, que el efecto de PKAc en la transcripción por c-Rel dependa de la fosforilación de la S10 de la histona H3 a la vista de la fuerte interacción entre c-Rel y PKAcβ descrita por Yu et al.,

(2004), que se mantiene en el mutante S267A y recuerda la translocación de PKAc asociada a AKAPs (A-Kinase Anchoring Proteins) que determina la localización subcelular de la fosforilación de las proteínas (Pearce et al. 2010)

La histona H3.3 se fosforiló tanto por PKAc como por MSK-1, pero el resultado de la inhibición de la fosforilación de la histona H3.3 por PKAc muestra una mejor correlación con la inhibición de la producción de IL-23 observada en nuestro laboratorio que la inhibición por MSK1 (con una IC_{50} elevada frente a la histona H3, mayor que la estimada por Davies et al., 2000 frente al Kemptide), lo que sugeriría la participación preferente de PKAc en su fosforilación y, por tanto, en la remodelación de la cromatina de ciertos promotores como el de *il23a*.

Puesto que los inhibidores de IKK inhiben globalmente la activación de NF-κB y tienen muchos efectos secundarios, los fármacos que modulen la actividad de NF-κB de forma más selectiva influyendo sobre modificaciones post-traduccionales como la fosforilación (Sun y Ley, 2008), podrían tener menos efectos secundarios. Dado que MSK1 interviene selectivamente en la fosforilación de p65 (Vermeulen et al., 2003), una forma de bloquear selectivamente la transcripción dependiente de p65 podría ser mediante la inhibición de MSK1.

La inhibición de MSK1 afectaría a la señalización de RelA, sin alterar la señalización de c-Rel, inhibiendo la expresión de citocinas inflamatorias sin influir sobre la proliferación de células mieloides y linfocitos y podría servir para el tratamiento de enfermedades "autoinflamatorias" causadas por macrófagos disfuncionales que producen citocinas inflamatorias de forma descontrolada. Ejemplos de estas enfermedades son la fiebre mediterránea familiar, los síndromes de fiebres periódicas, el síndrome de Muckle-Wells y la enfermedad de Behçet. Es posible que este abordaje sea también útil en enfermedades de mayor prevalencia como la aterosclerosis y procesos neurodegenerativos. También puede ser útil en el desarrollo de vacunas que aumenten selectivamente la activación de linfocitos T para una respuesta de memoria pero que sean capaces de inhibir la respuesta inflamatoria que actualmente limita su uso (Wang et al. 2007).

- Un proceso conceptualmente importante es el caso de la osteolisis periarticular inflamatoria, una complicación ósea de la artritis reumatoide (Scott et al., 2000) y psoriásica (Ritchlin et al., 2003) que destruye las articulaciones. Se debe al aumento de la expresión de TNFα, una citocina inflamatoria cuya transcripción depende de RelA y que provoca la osteolisis al inducir osteoclastogénsis. Por un lado, el efecto sobre las células estromales sería la inducción de la expresión de IL-1 y su receptor, de tal manera que de forma autocrina se generaría una retroalimentación positiva sobre la producción de RANKL. Por otra parte, el efecto sobre los monocitos sería el aumento de la expresión de IL-1, IL-1R y RANK, que al ser activado por el RANKL expresado en las células estromales, induce la diferenciación de los monocitos a osteoclastos (Wei et al., 2005, Teitelbaum, 2005). Por tanto la inhibición selectiva de RelA podría ser una estrategia terapéutica para prevenir la osteolisis inflamatoria (Jimi et al., 2004)

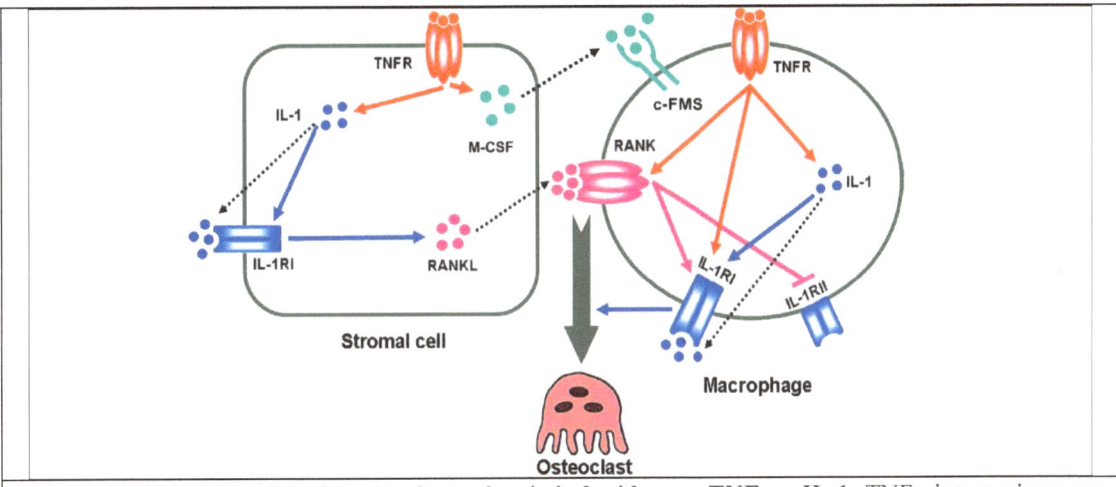

| Figura 22. Mecanismos de la osteoclastogénesis inducida por TNFα e IL-1. TNFα interacciona con TNFR en células estromales de la medula ósea y en monocitos. La activación de TNFR estimula la expresión de IL-1 que induce la sobreexpresión de IL-1RI y que al unirse a este receptor, promueve la inducción de RANKL. En monocitos, TNFα aumenta la expresión de RANK, la síntesis de IL-1, y la expresión de IL-1RI. Finalmente, IL-1 interacciona con su receptor en el monocito y RANKL directamente les diferencia a osteoclastos.
Tomado de Teitelbaum SL. (2006) Arthritis Res Ther. 8:201. |
| --- |

- Además puede ser útil en la obesidad, ya que hay una respuesta inflamatoria por adipocitos necróticos que puede promover resistencia a la insulina (diabetes tipo 2) y una mayor ganancia de peso (Nathan, 2008)
- También en la infección por VIH ya que el promotor LTR del VIH se regula por la actividad transcripcional de RelA (Kunsch et al., 1992; Stroud et al., 2009). De esa forma, la inhibición selectiva de RelA podría frenar la transcripción del VIH mientras que una activación selectiva de c-Rel podría regenerar los linfocitos.

Se ha observado que inhibidores de la MAPK p38 (que fosforila a MSK-1) inhiben la producción de IL-1 y TNFα en artritis reumatoide, aunque tienen cierta hepatotoxicidad, y los inhibidores de Syk (que activan a MSK-1 a través de PLCγ, PKC y MAPK) reducen la producción de IL-1, TNFα, IL-6 e IL-18, aunque tienen como efecto secundario la inducción de neutropenia. (Dinarello, 2010)

La inhibición de PKA afectaría a la fosforilación de RelA y al efecto transcripcional de c-Rel e inhibiría la expresión de citocinas inflamatorias y de factores de crecimiento de células mieloides y linfocitos, por lo que podría ser útil para el tratamiento de enfermedades autoinmunes causadas por linfocitos disfuncionales autorreactivos, como artritis reumatoide, diabetes tipo 1, psoriasis, lupus y esclerosis múltiple.

Si el objetivo fuese mantener la respuesta inflamatoria para evitar la cronificación de la infección por una inadecuada repuesta inflamatoria inicial, se podrían usar inhibidores de PKA análogos de AMPc que inhibirían la liberación de la PKAc de sus subunidades reguladoras y la fosforilación de CREB (Álvarez et al. 2009), pero no la actividad de la PKAcα asociada a RelA, cuya activación es independiente de AMPc.

Como terapia anticancerosa se podrían usar inhibidores de PKAcβ para bloquear los efectos de c-Rel y de esa manera inhibir el efecto proliferativo de algunas citocinas con capacidad de estimular la proliferación en leucemias y linfomas. Esta terapia debería ser administrada de forma intermitente en periodos de corta duración para evitar la inmunosupresión asociada con la inhibición a largo plazo y como terapia asociada al uso de fármacos inductores de apoptosis o la radioterapia. (Karin, 2006). De forma óptima, podría usarse inhibidores de PKAc análogos de AMPc para inhibir el fenotipo asociado a la sobreexpresión de CREB, sin inhibir la actividad de PKAcα asociado a RelA, puesto que niveles elevados de expresión de CREB son frecuentes en leucemias, como la leucemia mieloide aguda, donde la sobreexpresión de CREB contribuye a la inmunosupresión y a un fenotipo proliferativo (Shankar et al. 2005)

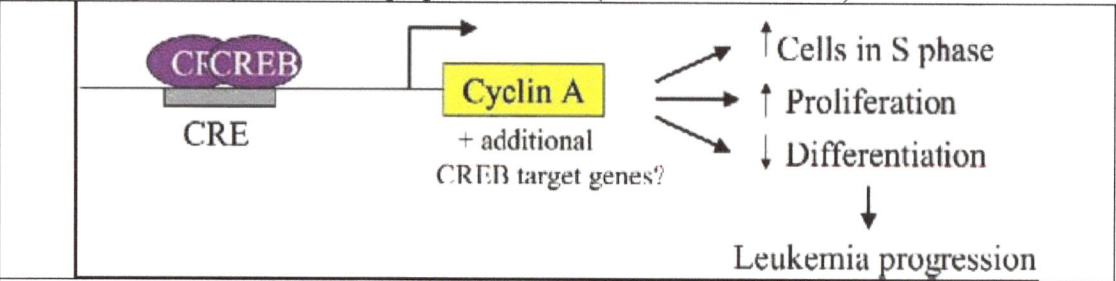

Figura 23. Modelo resumiendo el rol de CREB en la transformación de células mieloides. CREB se expresa en niveles elevados en una buena parte de células de leucemia mieloide aguda, lo que produce sobreexpresión de sus genes diana que aumentan la progresión del ciclo celular, disminuyen la diferenciación y, por tanto, aumentan la proliferación.
Tomado de Shankar DB, Cheng JC, Kinjo K, Federman N, Moore TB, Gill A, Rao NP, Landaw EM, Sakamoto KM (2005) Cancer Cell. 7:351-62.

CONCLUSIONES

1. c-Rel puede ser fosforilado por PKAc o MSK1
2. La fosforilación de c-Rel por PKAc es más sensible a inhibidores como H89 y el inhibidor peptídico PKAi que la fosforilación por MSK1 constitutivamente activa.
3. La S267 de c-Rel no es reconocida por estas quinasas.
4. La histona H3 es un sustrato reconocido eficientemente por PKAc y MSK1.
5. La fosforilación de la histona H3 por PKAc es inhibida con más eficiencia por el compuesto H89 que la fosforilación por MSK1.

BIBLIOGRAFÍA

Álvarez, Y., Municio, C., Alonso, S., Sánchez Crespo, M., and Fernández, N. (2009). The induction of IL-10 by fungi in dendritic cells depends on CREB activation by the coactivators CBP and TORC2 and autocrine PGE$_2$. *J. Immunol. 183: 1471-1479.*

Asselin-Paturel, C., A. Boonstra, M. Dalod, I. Durand, N. Yessaad, C. Dezutter-Dambuyant, A. Vicari, A. O'Garra, C. Biron, F. Briere, and G. Trinchieri. (2001) Mouse type I IFN-producing cells are immature APCs with plasmacytoid morphology. *Nat. Immunol. 2: 1144–1150.*

Bi L, Gorjestani S, Wu W, Hsu YM, Zhu J, Ariizumi K, Lin X. (2010) CARD9 mediates Dectin-2-induced IKK ubiquitination leading to activation of NF-κB in response to the stimulation by the hyphal form of *Candida albicans*. *J. Biol. Chem. 285: 25969-25977.*

Boffa DJ, Feng B, Sharma V, Dematteo R, Miller G, Suthanthiran M, Nunez R, Liou HC. (2003) Selective loss of c-Rel compromises dendritic cell activation of T lymphocytes. *Cell Immunol. 222: 105-115.*

Bonizzi G and Karin M. (2004) The two NF-κB activation pathways and their role in innate and adaptive immunity. *Trends Immunol. 25: 280-288.*

Brown, K., S. Park, T. Kanno, G. Franzoso, and U. Siebenlist. (1993) Mutual regulation of the transcriptional activator NF-κB and its inhibitor, IκB-α. *Proc. Natl. Acad. Sci. USA 90: 2532–2536.*

Campbell IK, Gerondakis S, O'Donnell K, Wicks IP. (2000) Distinct roles for the NFκB1 (p50) and c-Rel transcription factors in inflammatory arthritis. *J. Clin. Invest. 105: 1799–1806.*

Carmody RJ, Ruan Q, Liou HC, Chen YH (2007) Essential roles of c-Rel in TLR-induced IL-23 p19 gene expression in dendritic cells. *J. Immunol. 178: 186-191.*

Chen C, Edelstein LC, Gelinas C (2000) The Rel/NF-κB family directly activates expression of the apoptosis inhibitor Bcl-xL. *Mol. Cell Biol. 20: 2687–2695.*

Chen FE and Ghosh G. (1999) Regulation of DNA binding by Rel/NF-κB transcription factors: Structural views. *Oncogene 18: 6845–6852.*

Chen IS, Wilhelmsen KC, Temin HM (1983) Structure and expression of c-Rel, the cellular homolog to the oncogene of reticuloendotheliosis virus strain T. *J. Virol. 45: 104-113.*

Chen LF, Mu Y, and Greene WC. (2002) Acetylation of RelA at discrete sites regulates distinct nuclear functions of NF-κB. *EMBO J. 21: 6539–6548.*

Chen LF, Williams SA, Mu Y, Nakano H, Duerr JM, Buckbinder L, Greene WC. (2005) NF-κB RelA phosphorylation regulates RelA acetylation. *Mol. Cell Biol. 25: 7966-7975.*

Davies, S.P., Reddy, H., Caivano, M., and Cohen P. (2000). Specificity and mechanism of action of some commonly used protein kinase inhibitors. *Biochem. J. 351: 95-105.*

Deak M, Clifton AD, Lucocq LM, Alessi DR. (1998) Mitogen- and stress-activated protein kinase-1 (MSK1) is directly activated by MAPK and SAPK2/p38, and may mediate activation of CREB. *EMBO J. 17: 4426-4441.*

Dinarello CA. (2010) Anti-inflammatory Agents: Present and Future. *Cell. 140: 935-950.*

Dong J, Jimi E, Zhong H, Hayden MS, Ghosh S. (2008) Repression of gene expression by unphosphorylated NF-κB p65 through epigenetic mechanisms. *Genes Dev. 22: 1159–1173.*

Donovan CE, Mark DA, He HZ, Liou HC, Kobzik L, Wang Y, De Sanctis GT, Perkins DL, Finn PW. (1999) NF-κB/Rel Transcription Factors: c-Rel Promotes Airway Hyperresponsiveness and Allergic Pulmonary Inflammation. *J. Immunol. 163: 6827–6833.*

Frey, U., Huang, Y. Y. & Kandel, E. R. (1993) Effects of cAMP simulate a late stage of LTP in hippocampal CA1 neurons. *Science 260: 1661–1664.*

Gautier, G., Humbert, M., Deauvieau, F., Scuiller, M., Hiscott, J., Bates, E.E., Trinchieri, G., Caux, C., and Garrone, P. (2005). A type I interferon autocrine-paracrine loop is involved in Toll-like receptor-induced interleukin-12 p70 secretion by dendritic cells. *J. Exp. Med. 201: 1435–1446.*

Gerondakis S, Grossmann M, Nakamura Y, Pohl T, Grumont R. (1999) Genetic approaches in mice to understand Rel/NF-kappaB and IkappaB function: transgenics and knockouts. *Oncogene. 18: 6888-6895.*

Gerondakis S, Grumont R, Gugasyan R, Wong L, Isomura I, Ho W, Banerjee A. (2006) Unravelling the complexities of the NF-kappaB signalling pathway using mouse knockout and transgenic models. *Oncogene. 25: 6781-6799.*

Gerosa F, Baldani-Guerra B, Lyakh LA, Batoni G, Esin S, Winkler-Pickett RT, Consolaro MR, De Marchi M, Giachino D, Robbiano A, Astegiano M, Sambataro A, Kastelein RA, Carra G, Trinchieri G. (2008) Differential regulation of interleukin 12 and interleukin 23 production in human dendritic cells *J. Exp. Med. 205: 1447-1461.*

Ghosh S, May MJ, Kopp EB. (1998) NF-κB and Rel proteins: evolutionary conserved mediators of immune responses. *Annu. Rev. Immunol. 16: 225-260.*

Gilmore TD. (1999). Multiple mutations contribute to the oncogenicity of the retroviral oncoprotein v-Rel. *Oncogene, 18: 6925-6937.*

Grbavec D and Stifani S. (1996) Molecular interaction between TLE1 and the carboxyl-terminal domain of HES-1 containing the WRPW motif. *Biochem. Biophys. Res. Commun. 223: 701-705.*

Grumont R, Hochrein H, O'Keeffe M, Gugasyan R, White C, Caminschi I, Cook W, Gerondakis S. (2001) c-Rel regulates interleukin 12 p70 expression in CD8(+) dendritic cells by specifically inducing p35 gene transcription. *J. Exp. Med. 194: 1021-1032.*

Guttridge DC, Albanese C, Reuther JY, Pestell RG, Baldwin AS Jr (1999) NF-kappaB controls cell growth and differentiation through transcriptional regulation of cyclin D1 *Mol. Cell Biol. 19: 5785-5799.*

Hertzog, P.J., L.A. O'Neill, and J.A. Hamilton. (2003) The interferon in TLR signaling: more than just antiviral. *Trends Immunol. 24: 534–539.*

Higuchi R, Krummel B, Saiki RK. (1988) A general method of in vitro preparation and specific mutagenesis of DNA fragments: study of protein and DNA interactions. *Nucleic Acids Res. 16: 7351-7767.*

Ho SN, Hunt HD, Horton RM, Pullen JK, Pease LR. (1989). Site-directed mutagenesis by overlap extension using the polymerase chain reaction. *Gene. 77: 51-59.*

Hoffmann A, Natoli G, Ghosh G. (2006) Transcriptional regulation via the NF-κB signaling module. *Oncogene 25: 6706–6716.*

Hu, X., Chung, A.Y., Wu, I., Foldi, J., Chen, J, Ji, J.D., Tateya, T., Kang, Y.J., Han, J., Gessler, M. et al. (2008). Integrated regulation of Toll-like receptor responses by Notch and interferon-γ pathways. *Immunity 29: 691-703.*

Huang, D.B., Chen, Y.Q., Ruetsche, M., Phelps, C.B., and Ghosh, G. (2001) X-ray crystal structure of proto-oncogene product c-Rel bound to the CD28 response element of IL-2. *Structure. 9: 669-678.*

Ivashkiv LB. (2009) Cross-regulation of signaling by ITAM-associated receptors *Nat. Immunol. 10: 340-347.*

Jakus Z, Fodor S, Abram CL, Lowell CA, Mócsai A. (2007) Immunoreceptor-like signaling by beta 2 and beta 3 integrins *Trends Cell Biol. 17: 493-501.*

Jimi E, Aoki K, Saito H, D'Acquisto F, May MJ, Nakamura I, Sudo T, Kojima T, Okamoto F, Fukushima H, Okabe K, Ohya K, Ghosh S. (2004) Selective inhibition of NF-κB blocks osteoclastogenesis and prevents inflammatory destruction in vivo. *Nat. Med. 10: 617–624.*

Kagan JC and Medzhitov R (2006) Phosphoinositide-mediated adaptor recruitment controls Toll-like receptor signaling *Cell. 125: 943-955.*

Karin, M. and Ben-Neriah, Y. (2000) Phosphorylation meets ubiquitination: the control of NF-κB activity. *Annu. Rev. Immunol. 18: 621–663.*

Karin M. (2006) Nuclear factor-κB in cancer development and progression. *Nature. 441: 431-436.*

Kerrigan, A. M. & Brown, G. D. (2010) Syk-coupled C-type lectin receptors that mediate cellular activation via single tyrosine based activation motifs. *Immunol. Rev. 234: 335–352.*

Kollet, J.I. and Petro, T.M. (2006). IRF-1 and NF-κB p50/cRel bind to distinct regions of the proximal murine IL-12 p35 promoter during costimulation with IFN-γ and LPS. *Mol. Immunol. 43: 623-633.*

Köntgen F, Grumont RJ, Strasser A, Metcalf D, Li R, Tarlinton D, Gerondakis S. (1995). Mice lacking the c-rel proto-oncogene exhibit defects in lymphocyte proliferation, humoral immunity, and interleukin-2 expression. *Genes. Dev. 9: 1965–1977.*

Kopp E and Ghosh S. (1995) NF-κB and Rel proteins in innate immunity. *Adv. Immunol. 58: 1–27.*

Kunsch C, Ruben SM, Rosen CA. (1992) Selection of optimal κB/Rel DNA-binding motifs: Interaction of both subunits of NF-κB with DNA is required for transcriptional activation. *Mol. Cell Biol. 12: 4412–4421.*

Kunsch C and Rosen C. (1993) NF-κB subunit-specific regulation of the interleukin-8 promoter. *Mol. Cell. Biol. 13: 6137–6146.*

LeibundGut-Landmann S, Gross O, Robinson MJ, Osorio F, Slack EC, Tsoni SV, Schweighoffer E, Tybulewicz V, Brown GD, Ruland J, Reis e Sousa C. (2007) Syk- and CARD9-dependent coupling of innate immunity to the induction of T helper cells that produce interleukin 17. *Nat. Immunol. 8: 630–638.*

Leung K, Betts JC, Xu L, Nabel GJ. (1994) The cytoplasmic domain of the interleukin-1 receptor is required for nuclear factor-κB signal transduction. *J. Biol. Chem. 269: 1579-1582*

Lu D, Thompson JD, Gorski GK, Rice NR, Mayer MG and Yunis JJ. (1991). Alterations at the Rel locus in human lymphoma. *Oncogene, 6: 1235-1241.*

Medzhitov R and Horng T. (2009) Transcriptional control of the inflammatory response. *Nat. Rev. Immunol. 9: 692-703.*

Mócsai A, Abram CL, Jakus Z, Hu Y, Lanier LL, Lowell CA. (2006) Integrin signaling in neutrophils and macrophages uses adaptors containing immunoreceptor tyrosine-based activation motifs. *Nature Immunol. 7: 1326–1333.*

Mócsai A, Ruland J, Tybulewicz VL (2010). The SYK tyrosine kinase: a crucial player in diverse biological functions. *Nat. Rev. Immunol. 10: 387-402.*

Nathan, C. (2008) Epidemic inflammation: pondering obesity. *Mol. Med. 14: 485-492.*

Naumann, M. and Scheidereit, C. (1994). Activation of NF-kappa B in vivo is regulated by multiple phosphorylations. *EMBO J. 13: 4597–4607.*

O'Keeffe M, Grumont RJ, Hochrein H, Fuchsberger M, Gugasyan R, Vremec D, Shortman K, Gerondakis S. (2005) Distinct roles for the NF-kappaB1 and c-Rel transcription factors in the differentiation and survival of plasmacytoid and conventional dendritic cells activated by TLR-9 signals. *Blood. 106: 3457-3464.*

Palaparti A, Baratz A, Stifani S. (1997) The Groucho/transducin-like enhancer of split transcriptional repressors interact with the genetically defined amino-terminal silencing domain of histone H3. *J. Biol. Chem. 272: 26604-26610*

Pearce, L.R., Komander, D., and Alessi, D.R. (2010). The nuts and bolts of AGC protein kinases. *Nat. Rev. Mol. Cell Biol. 11: 9-22.*

Rayet B and Gélinas C. (1999) Aberrant Rel/NFκB genes and activity in human cancer. *Oncogene. 18: 6938-6847.*

Ritchlin CT, Haas-Smith SA, Li P, Hicks DG, Schwarz EM. (2003) Mechanisms of TNF-α- and RANKL-mediated osteoclastogenesis and bone resorption in psoriatic arthritis. *J. Clin. Invest. 111: 821-831.*

Saccani S, Pantano S, Natoli G (2002) p38-Dependent marking of inflammatory genes for increased NF-κB recruitment. *Nat. Immunol. 3: 69-75.*

Sachdev S and Hannink M (1998) Loss of IκB alpha-mediated control over nuclear import and DNA binding enables oncogenic activation of c-Rel. *Mol. Cell Biol. 18: 5445-5456.*

Sanjabi S, Hoffmann A, Liou HC, Baltimore D, Smale ST. (2000) Selective requirement for c-Rel during IL-12 P40 gene induction in macrophages. *Proc. Nat. Acad. Sci. U S A. 97: 12705-12710.*

Sanjabi S, Williams KJ, Saccani S, Zhou L, Hoffmann A, Ghosh G, Gerondakis S, Natoli G, Smale ST. (2005) A c-Rel subdomain responsible for enhanced DNA-binding affinity and selective gene activation. *Genes Dev. 19: 2138-2151.*

Sato, K., Yang, X. L., Yudate, T., Chung, J. S., Wu, J., Luby-Phelps, K., Kimberly, R. P., Underhill, D., Cruz, P. D., Jr., and Ariizumi, K. (2006) Dectin-2 is a pattern recognition receptor for fungi that couples with the Fc receptor gamma chain to induce innate immune responses. *J. Biol. Chem. 281: 38854-38866.*

Scott DL, Pugner K, Kaarela K, Doyle DV, Woolf A, Holmes J, Hieke K. (2000) The links between joint damage and disability in rheumatoid arthritis. *Rheumatology 39: 122-132.*

Sen, R. and D. Baltimore. (1986) Multiple nuclear factors interact with the immunoglobulin enhancer sequences. *Cell 46: 705–716.*

Shankar DB, Cheng JC, Kinjo K, Federman N, Moore TB, Gill A, Rao NP, Landaw EM, Sakamoto KM (2005). The role of CREB as a proto-oncogene in hematopoiesis and in acute myeloid leukemia. *Cancer Cell. 7: 351-362.*

Siegal, F.P., N. Kadowaki, M. Shodell, P.A. Fitzgerald-Bocarsly, K. Shah, S. Ho, S. Antonenko, and Y.J. Liu. (1999) The nature of the principal type 1 interferon-producing cells in human blood. *Science. 284: 1835–1837.*

Silverman N and Maniatis T. (2001) NF-κB signaling pathways in mammalian and insect innate immunity. *Genes Dev. 15: 2321-2342.*

Spooren A, Kolmus K, Vermeulen L, Van Wesemael K, Haegeman G, Gerlo S. (2010) Hunting for serine 276-phosphorylated p65. *J. Biomed. Biotechnol. 2010: 275892.*

Stroud, J.C., Oltman, A., Han, A., Bates, D.L., Chen, L. (2009) Structural basis of HIV-1 activation by NF-κB--a higher-order complex of p50:RelA bound to the HIV-1 LTR. *J. Mol. Biol. 393: 98-112.*

Sun, S. C., P. A. Ganchi, D. W. Ballard, and W. C. Greene. (1993) NF-κB controls expression of inhibitor IκBα: evidence for an inducible autoregulatory pathway. *Science 259: 1912–1915.*

Sun SC and Ley SC (2008) New insights into NF-kappaB regulation and function. *Trends Immunol. 29: 469-478.*

Teitelbaum. (2006) Osteoclasts, culprits in inflammatory osteolysis. *Arthritis Res. Ther. 8:201.*

Thomson, S., Clayton, A.L., Hazzalin, C.A., Rose, S., Barratt, M.J., and Mahadevan, L.C. (1999). The nucleosomal response associated with immediate-early gene induction is mediated via alternative MAP kinase cascades: MSK1 as a potential histone H3/HMG-14 kinase. *EMBO J. 18: 4779-4793.*

Tumang JR, Owyang A, Andjelic S, Jin Z, Hardy RR, Liou ML, Liou HC. (1998) c-Rel is essential for B lymphocyte survival and cell cycle progression. *Eur. J. Immunol. 28: 4299–4312.*

Turner M, Schweighoffer E, Colucci F, Di Santo JP, Tybulewicz VL. (2000) Tyrosine kinase Syk: Essential functions for immunoreceptor signalling. *Immunol. Today 21: 148–154.*

Vermeulen L, De Wilde G, Van Damme P, Vanden Berghe W, and Haegeman G (2003) Transcriptional activation of the NF-κB p65 subunit by mitogen- and stress-activated protein kinase-1 (MSK1), *EMBO J. 22: 1313–1324*

Viatour P, Merville MP, Bours V, Chariot A. (2005) Phosphorylation of NF-kappaB and IkappaB proteins: implications in cancer and inflammation. *Trends Biochem. Sci. 30: 43-52.*

Wang J, Wang X, Hussain S, Zheng Y, Sanjabi S, Ouaaz F, Beg AA. (2007) Distinct roles of different NF-κB subunits in regulating inflammatory and T cell stimulatory gene expression in dendritic cells. *J. Immunol. 178: 6777–6788.*

Wang L, Gordon RA, Huynh L, Su X, Park Min KH, Han J, Arthur JS, Kalliolias GD, Ivashkiv LB. (2010) Indirect inhibition of Toll-like receptor and type I interferon responses by ITAM-coupled receptors and integrins. *Immunity 32: 518-530.*

Wei S, Kitaura H, Zhou P, Ross FP, Teitelbaum SL. (2005) IL-1 mediates TNF-induced osteoclastogenesis. *J. Clin. Invest. 115: 282-290.*

Wong, T. C., and M. M. C. Lai. (1981) Avian reticuloendotheliosis virus contains a new class of oncogene of turkey origin. *Virology 111: 289-293.*

Xiao W. (2004) Advances in NF-kappaB signaling transduction and transcription. *Cell Mol. Immunol. 1: 425-435.*

Yu SH, Chiang WC, Shih HM, Wu KJ. (2004) Stimulation of c-Rel transcriptional activity by PKA catalytic subunit β. *J. Mol. Med. 8: 621–628.*

Zhang GL and Ghosh S. (2001) Toll-like receptor–mediated NF-κB activation: a phylogenetically conserved paradigm in innate immunity. *J. Clin. Invest. 107: 13-19.*

Zhong H, SuYang H, Erdjument-Bromage H, Tempst P, and Ghosh S, (1997) The transcriptional activity of NF-κB is regulated by the IκB-associated PKAc subunit through a cyclic AMP independent mechanism *Cell 89: 413–424.*

Zhong H, Voll RE, and Ghosh, S (1998) Phosphorylation of NF-κB p65 by PKA stimulates transcriptional activity by promoting a novel bivalent interaction with the coactivator CBP/p300, *Mol. Cell 1: 661–671.*

Zhong H, May MJ, Jimi E, Ghosh S. (2002) The phosphorylation status of nuclear NF-κB determines its association with CBP/p300 or HDAC-1. *Mol. Cell 9: 625–636.*